TURING 图灵交互设计丛书

用户体验设计：100堂入门课

UX for Beginners
A Crash Course in 100 Short Lessons

[瑞典] 乔尔·马什 著
王沛 译

Beijing · Boston · Farnham · Sebastopol · Tokyo

O'Reilly Media, Inc.授权人民邮电出版社出版

人民邮电出版社
北　京

图书在版编目（CIP）数据

用户体验设计：100堂入门课 /（瑞典）乔尔·马什
（Joel Marsh）著；王沛译. -- 北京 ： 人民邮电出版社，
2018.5（2024.7 重印）
（图灵交互设计丛书）
ISBN 978-7-115-48022-4

Ⅰ．①用… Ⅱ．①乔… ②王… Ⅲ．①人机界面—程
序设计 Ⅳ．①TP311.1

中国版本图书馆CIP数据核字（2018）第042682号

内 容 提 要

本书是用户体验设计入门书，将真实项目中用户体验设计的实际流程细分
为 100 节小课程，涵盖与用户体验相关的常见话题，包括：用户体验常识和基
本概念、用户体验背后的认知心理学、各种真实设计案例、设计发布后如何观
测设计效果，等等。

本书适合 UX 设计初学者，无须任何相关专业背景。

◆ 著   [瑞典] 乔尔·马什
　　译　　　　　王 沛
　　责任编辑　　朱 巍
　　执行编辑　　孙慧娟
　　责任印制　　周昇亮

◆ 人民邮电出版社出版发行　　北京市丰台区成寿寺路11号
　　邮编　100164　　电子邮件　315@ptpress.com.cn
　　网址　http://www.ptpress.com.cn
　　北京七彩京通数码快印有限公司印刷

◆ 开本：880×1230　1/32
　　印张：8.375　　　　　　　2018年 5 月第 1 版
　　字数：252千字　　　　　　2024 年 7 月北京第 9 次印刷
　　著作权合同登记号　图字：01-2017-9019号

定价：59.00元
读者服务热线：(010)84084456-6009　印装质量热线：(010)81055316
反盗版热线：(010)81055315
广告经营许可证：京东市监广登字 20170147 号

版权声明

本书赞誉

"关于 UX 这个主题的图书有很多，但是涵盖 UX 工作方方面面的却寥寥无几。这本书不仅做到了，而且做得很好。它带领新手全面认识 UX 领域，鼓励他们深入探索自己最感兴趣的方面。"

——Jeff Gothelf,《精益设计》作者

" UX 是一个非常广阔的领域，要学的东西太多了。如果你刚刚起步，那么学习曲线是相当陡峭的。然而 Joel Marsh 在这本实用手册中将 UX 的学习曲线变平直了，他提供的实用课程会为你的 UX 之路打下坚实的基础。"

——Aaron Walter，MailChimp 公司研发副总裁，
Designing for Emotion 作者

"UX 领域中有很多方法、资料和未解的难题。这本书提供了一份颇为可行的学习计划，并提供了很多指导，能帮助你弄清楚 UX 究竟是怎么一回事。"

——Jeff Sauro，MeasuringU 公司首席 UX 研究员兼统计分析师

"毫不夸张地说，这本书堪称令人惊奇的万物之最。谢谢你，Joel ！"

——Silvestre Tanenbaum，UX 设计师

前言

本书名副其实

起初，这本书只是以推送邮件的形式存在，随后演变为博客的形式并广泛传播，最终变成了你手中的这本书。本书的内容基于与真实读者共同完成的科学研究，并经业内顶尖用户体验专家审核——这一切都是为了让本书更加精彩和实用。不仅如此，在撰写期间我们就开始从网上收集反馈了！

应运而生

（即我的"用户研究"揭示的问题。）

本书中的这些课程起初只是一封封推送邮件。无论我是在创业公司、国际知名公司还是内部产品团队工作，人们总是反复问我同样的问题，这些都是关于 UX 的基本问题。因此，我决定开始推送一份名为"UX ProTips"（UX 的专业建议）的邮件给我的同事们。

每周我都会就一个简单的 UX 问题写上简短又有趣的一课，然后以邮件的形式发送给公司同事。同事们都很忙，也不是什么 UX 专家，因此想让他们去了解**别人（我）的工作**，就必须得让他们看得高兴。换句话说，他们都是初学者。

一开始，我还担心别人会觉得我狂妄自大或感觉自己受到了骚扰，没想到他们都很爱看，甚至开始向我发送问题请我回答！没过多久，我就听到同事们在与客户会谈时引用我的回答，公司外部的人也开始打听如何才能订阅这份邮件！

紧接着，我发现 UX 论坛中最常见的问题是：UX 初学者该看什么资料？于是，我的 ProTips 就由推送邮件演变为博客：TheHipperElement.com。我在博客上开展的第一个大项目是"UX Crash Course"。这门课程开设于2014 年 1 月，每日一课，共 31 课时，讲的都是 UX 最基础的知识。这门课取得了巨大的成功，远远超出我的预期——在没有花费一分钱推广的情况下，阅读量达到了 100 多万。

该博客成为了我撰写此书的动力。如果你仍然怀疑本书是否有市场需求，那么可以这样想想看：我们能用《用户体验设计：100 堂入门课》作为书名，就说明之前从未有过此类书！再者，本书里谈论的可是在 2015 年美国最抢手职业中排名第 14 的职业啊！

目标读者

（即我的"用户概况"。）

如果你还不知道"UX"（User eXperience，用户体验）的含义，那你来对地方了。本书写给以下**三类人**：想成为设计师的业余人士、UX 设计师的管理者以及其他行业中经验丰富并想了解更多 UX 知识的人。

如果你并非设计师，那么这本书正是为你而写。我的目标是以简单的方式教授 UX 基本知识以期培养出更多的设计师，而这非常困难。这本书讲的并不是"设计师思维"或"UX 意识"这种抽象的概念，而是一系列实践性课程，比如教你要做什么，或者如何在参加工作的第一天做一名 UX 设计师。如果你是一名学生或实习生，又或者是刚刚毕业，面对实际的 UX 设计时心中打怵，那么欢迎你阅读本书。我们需要你。

如果你是 UX 设计师的管理者，那么要么你自己就是设计师，要么你有权在团队里任用或罢免设计师。不论哪种情况，你在**管理**设计上花的时间越多，实际**做**设计的时间就越少。因此，一份复习资料是很实用的，尤其是像这本书一样简单、有趣的资料。但更重要的是，处在管理者的位置意味着你要向别人**教授 UX 知识**，而这本书的初衷也正是如此。你可以把它当作参考资料，或者作为与团队交流的谈资。有时候，能给你底气的一本好书就是最有价值的东西。

最后，你有可能在其他相关领域积累了一些经验，比如编程、项目管理或销售，但现在需要了解更多有关 UX 设计的知识。感谢你意识到 UX 是所有数字产品和服务的核心要素！这本书对你来说是很好的入门教材，一方面能让你深入了解 UX 设计师，另一方面也能让你掌握一些 UX 理论。如果你有志在未来**转行**到设计岗位，那就太棒了！

内容简介

（即本书的"信息架构"。）

本书共包含 100 堂课，分成了 14 章，课程的顺序大致遵循真实项目中 UX 设计的实际流程。因此，如果你正在为你的第一项 UX 设计任务而费神，那么开始读这本书吧，你会感觉我们在跟你一起完成这项任务。

你不会看到长篇大论的案例研究或复杂的图表，也不会看到对某个主题的深入探讨。本书的初衷就是要三下五除二地把 UX 设计介绍给你。每堂课都很短。对了，我说过自己有多么风趣和谦虚吗？

尽管是速成课，但本书囊括的内容很**丰富**。它可能没有涵盖**所有** UX 的相关话题，但也足够多了。我主要关注**初学者**的需求，因此一些高级概念没有在本书展开详细讨论，比如**迭代**（即"精益"和"敏捷"开发）、**情境设计**、**设计批评**、**可访问性**等，它们更适合那些有经验的设计师学习。但你可以在网上搜索相关内容或者阅读 O'Reilly 出版的相关主题的优秀图书。

这 100 堂课各自独立，所以你不必非得按照顺序阅读。不论你是想学习其中的某个知识点，还是想把它摆在案头当作参考书，都没有问题！即使只是放在手边做休闲读物也是不错的。

这些课程分为 14 章。

- 首先，在**核心概念**一章中，你会学到一些基本的概念。UX 设计有时是与直觉相悖的，所以你的一些"常识"会把你引入歧途。如果你从未设计过任何东西，那么请先花些时间学习这些课程并认真思考一下，然后再着手进行设计。
- 在**开始之前**一章中，你会学到一些实用的知识，让你懂得如何与人沟通。如果你就职于大公司，那么跳过这部分内容会吃苦头的。
- 在**行为基础**、**用户研究**和**思维限制**这三章中，你会理解人类的行为方式和原因，以及当用户做了你意想不到的事情时该怎样调查研究。
- **信息架构**和**设计行为**这两章开始将前面几章的基本概念融入你的作品。对许多人而言，UX 设计的流程和科学可能是思考设计的全新方式。

接下来你就可以着手设计了。

- 在本书中，**视觉设计原则**一章位于**线框图和原型**之前，这是因为要想**绘制出优秀的线框图**（UX 设计师的主要文档），你必须理解设计的内涵而不仅仅是它的外观。在了解了设计的尺寸、颜色和布局对用户的影响之后，你就会知道绘制线框图时该做什么，不该做什么。
- 在**易用性心理**与**内容**两章中，你会学到如何提升设计的易用性和说服力，从而吸引更多人使用。
- **关键时刻**一章至关重要，讲的是发布环节。
- 当设计发布出去以后，优秀的 UX 设计师会**评估**设计的现实效果，了解真实用户的体验。你将会在**给设计师的数据**一章中学到这些知识。不要担心，这里没有方程式之类的，大部分都是图片。:)
- 最后，在**无业游民，找份工作吧**一章中，你会学到以下内容：你适合哪种 UX 工作，你的简历中应该有什么内容，以及在第一份设计工作中你每天的实际工作内容是什么。

我们甚至还使用了一些很棒的插图来提高本书的视觉吸引力与趣味性，使本书更加易于理解，因为每一位伟大的作者都需要借助几只橡皮鸭来使自己的观点更加鲜明。

"我的作品中总有几只小橡皮鸭。总是如此。"——欧内斯特·海明威

主要目标

本书有两个目标：

- 培养出更多的 UX 设计师。
- 让我成为百万富翁。

换句话说，就是一个**用户**目标和一个**商业**目标。

但是，只有在出色地实现了第一个目标的前提下，我才能实现第二个目标。我将你转变成优秀 UX 设计师的能力越高，你与别人分享和探讨本书的兴趣就越大，从而可以培养出更多的 UX 设计师，同时让我赚到足够的钱在后院建个羊驼农场。

这是每个设计师的梦想，对吗？

因此，如果我真想建造这个价值百万的羊驼王国，就需要让这本书给你

带来很棒的体验。一荣俱荣，一损俱损，UX 就应该是这样。有些人称之为"共情"，而我认为这正是优秀产品设计的关键所在。

如果你认为这本书有任何可以改进的地方，或者它帮助你成为更出色的设计师了，请在 Twitter 上告诉我：@HipperElement。

不过说真的，如果你喜欢这本书，不妨把它分享给其他人——毕竟我还要养那群羊驼。

祝大家阅读愉快！

致谢

在过去的十来年间，如果没有 UX 社区的大环境，没有我那些充满求知欲的学生和天资聪颖的实习生，没有每日与我共事的同僚，我是不可能写出这本书的。他们的问题、反馈、兴趣还有三分钟热度（哈哈）都体现在这本书以及与其相关的工作当中。

感谢我的女朋友 Camilla，在我早晨起床编写每日的用户体验速成课时她都默默地忍耐（因为在写作时，我都不怎么跟她说话）。感谢我的朋友们，他们在听到以"在我的博客里……"或者"在我的书中……"开头的句子时没有翻白眼。

我还想感谢每一位脚踏实地、努力成为优秀 UX 设计师的人，不论你们的起点是否是这本书。

朋友们，我们决定着未来。

电子书

扫描如下二维码，即可购买本书电子版。

目　录

核心概念

1

什么是 UX

学习任何东西，最好都能从头开始。

世间万物都有用户体验。你的任务不是创造它，而是让它变得更好。

那么，什么才算"好"的用户体验呢？最普遍的理解就是能让用户开心。

但这是不对的！

如果让用户开心是你唯一的目标，那么插入几张**搞笑图片**，加几句**赞美之词**就可以大功告成、下班回家了。但如果那么做的话（尽管在我眼中并非世界末日），你的老板可能会不满意。UX 设计师的目标是让用户更加高效。

用户的体验只是冰山一角。

很多人错误地以为 UX 指的是**用户的体验**，实际上它指的是设计用户体验的**过程**。用户的个人体验是他对你的应用或网站的主观意见。用户反馈有时很重要，但是 UX 设计师需要做的远不止这些。

进行 UX 设计

UX 设计（有时简称为 UXD）所涉及的过程**与做科研的过程相似**：先通过研究来了解用户，然后产生既能满足用户需求又能实现商业利益的想法，最后创建解决方案并衡量现实效果。

这些知识都能在本书中学到。不过如果你感觉那不是你想要的，那么还可以尝试一下搞笑图片。

UX 的五大要素

用户体验设计是一个过程，本书中的课程大致按照这一过程进行编排，不过你应始终牢记以下五个要素：**心理、易用性、设计、文案写作和分析**。

这五大要素，每一个都能写成一本书，因此我要简化一下，毕竟这本书讲的是速成课，而不是维基百科。

不过平心而论，我确信在维基上写 **UX 页面**的那个哥们儿只是听说过一两次 UX 这个词……

(1) 心理

用户的头脑很复杂。这你应该知道，毕竟你也有一个（我是这么假设的）。UX 设计师总是与主观想法或感受打交道，而这些东西可能会决定结果的成败。有时候，设计师还必须忽略自己的心理感受，这真的很难做到！

问问自己：

- 用户到你这里来的动机是什么？
- 这使他们有何感受？
- 用户要完成多少操作才能得到他们想要的东西？
- 如果他们一遍遍地重复这些操作会形成什么习惯？
- 他们点击这个东西的时候会有什么预期？
- 你是否想当然地认为他们对未曾学习的东西已经有了一定的了解？
- 这样的事情他们是否愿意再做一次？为什么？如果愿意，频率如何？
- 你考虑的究竟是用户的需求还是你自己的？
- 如果有的用户表现很好，你要怎样奖励他们呢？

(2) 易用性

如果说用户心理大多是潜意识的，那么易用性则大多是能够意识到的。也就是说，如果某个东西让你感到困惑，你是能意识到的。有时候，越难的事情越有趣，比如游戏，但除此之外的所有事情，我们都希望越简单越好（最好连傻瓜都能用）。

问问自己：

- 如果减少用户操作，你是否也能达到同样的目的？
- 你是否能避免用户犯某些错误？（提示：是的，有些错误肯定能避免。）
- 你的做法是直截了当还是聪明过头？
- 这个功能是易于发现（好），难以忽略（更好），还是正如人们潜意识里预期的那样（最佳）？
- 你所做的东西是否与用户的设想一致？
- 你是否提供了用户需要知道的所有东西？
- 你是否能够通过更常见的方式解决这个问题？
- 你的决定是基于自己的逻辑或知识范畴，还是基于用户的直觉？你是怎么知道的？
- 如果用户没有阅读操作细则，是不是就操作不了？

(3) 设计

作为一名 UX 设计师，你对"设计"的定义不要太具艺术性。你"喜不喜欢"这个设计无关紧要。在 UX 中，设计是指你能够证明其可以奏效的东西，风格不重要。

问问自己：

- 用户是否认为这个设计看上去不错？是否能马上信任它？
- 用户是否在没有解说的情况下就能明白这个设计的目的和功能？
- 这个设计是否体现了品牌形象？是否让人感觉毫无创新？
- 这个设计是否正确引导了用户的关注点？你是怎么知道的？
- 色彩、形状和文字排版是否有助于用户找到他们想要的东西，并且提升细节之处的易用性？
- 可点击处与不可点击处是否有所区分？

(4) 文案写作

　　品牌文案（文本）的写作与 UX 文案的写作大相径庭。品牌文案体现的是公司的形象和价值，UX 文案则是要尽可能直截了当地完成麻烦的事情。

　　问问自己：

- 这篇文案是否能自信地告诉用户该做些什么？
- 这篇文案是否能激励用户达成他们的目标？这是否是我们想要的？
- 这篇文案中字号最大的内容就是最重要的内容吗？如果不是，为什么？
- 这篇文案是否为用户提供了所需信息，还是假设用户都已经明白了？
- 这篇文案是否减少了人们的焦虑情绪？
- 这篇文案是否清晰、直接、简单且实用？

(5) 分析

　　我认为大多数设计师的弱点在于分析，但是我们可以改善这个问题！是否分析是 UX 设计师与其他设计师的主要区别，也是使你格外有价值的关键所在。擅长分析能给你带来实实在在的回报。

　　因此，问问自己：

- 你是用数据来证明自己是正确的，还是用它来了解真相？
- 你所寻求的是主观意见还是客观事实？
- 你是否收集了一些信息来帮助你解答这些问题？
- 你是否知道用户为什么会那么做，或者说你会解释他们的行为吗？
- 你所关注的是绝对的数字还是相对的改善？
- 你怎样衡量它？你衡量的对象正确吗？
- 你是否也预计了糟糕的结果？如果不是，为什么？
- 你怎样利用分析结果来进行改善？

你的视角

在用户体验设计中，你看待问题的方式会决定设计的成败。
你自己的期望和经验有时可能与用户的背道而驰。

认识你自己

在开始了解用户之前，需要先了解关于你自己的两件事。

- 你想要的东西对用户而言不重要。
- 你知道什么对用户而言不重要。

静思这两句话一分钟。

共情：想用户所想

有一个词在 UX 领域已经被用烂了，那就是**"共情"**。它很重要，在 UX
和其他领域都是如此。

不过有个秘密：除非你是连环杀手，否则你肯定有共情的能力。不过如
果你是连环杀手，那么 UX 设计这个行业可能并不适合你。我们发自内
心想要的也许并不是用户想要的，这是个很严重的问题。这意味着你对
用户的直觉可能是错的！

做调查，跟用户交谈，研究数据，抱抱小狗。当你真正理解了问题所
在，它就变成了困扰你的问题，这就是共情，你会感受到的。一个好的
解决方案会令你兴奋异常，这并非由于你是个情绪丰富的超级英雄，而
是因为你跟用户同病相怜。

现在，你也是他们中的一员。

一滴清泪流下

问问自己：

- 假如面前有两种选择，一种是提供一项功能给用户，另一种是把这个功能的设计放到自己的简历里，你会怎么选？
- 如果用户不喜欢你的设计，可能是出于什么原因？
- 你真正试用过这个软件吗，还是只是点击"下一步"走了个过场？

你知道得太多了

为知道得比你少的人设计，这是 UX 的核心部分。

并不是比你笨的人，只是**知道得比你少**的人。

你知道如果对网站进行个性化设置，它会变得更加强大，但是用户不知道；你也知道菜单的分类正好与公司的团队一一对应，但是用户不知道；你还知道你的定价很高，这是因为高昂的授权费提高了制作成本，但是用户不知道。

如果用户不知道，那他们也不会在意。有时候即使他们知道，他们也不在意！授权费？那是你的问题，他们完全可以免费弄一份盗版的。

问问自己：

- 如果不读文字内容，你能够理解吗？
- 如果用户只能通过点击几次来找到他们想要的，那么这种设计会是**你的**最佳选择吗？
- 当你评判一项功能的时候，是基于它的开发时长，还是基于它对用户的价值？
- 你是否想当然地以为只要这个东西放在这儿，用户就会点它？（他们不会的。）

用户视角中的三个 "什么"

啊，终于讲到这儿了！是时候讨论一下用户的想法了。最好的学习方式就是从最基础的知识开始，然后慢慢延伸。

一个好的设计传达了三方面的信息：

(1) 这是什么？

(2) 这对用户来说有什么好处？

(3) 他们下一步应该做些什么？

"这是什么"

可以用一个标题或一幅图片（或两者兼有）来回答"这是什么"。这看起来很简单，对吧？但是你无法想象有多少网站忘记这么做。为什么会这样呢？因为**我们已经知道了**，但是用户还蒙在鼓里：这是篇文章？这是个注册表单？这是那些恶趣味的人想要办一个聚会吗？这里是看搞怪的地方吗？还是你专门为你的宠物沙鼠在视频网站上创建的频道？

直截了当、明明白白地告诉他们。没人会在聚会上对一本字典感兴趣，尤其是在一个搞怪聚会上。

"这对我有什么好处"

这就是用户体验的"原因"。用户能从中得到些什么？

最好向用户展示他们会得到什么，而不是说给他们听。你可以利用视频、小样、示例图片、免费试用、试读内容、推荐书等向他们展示，或者同时使用好几样！

"这是什么"这个问题的最佳答案或多或少会告诉你：你将会得到什么。

例如："一个由全球的自大狂构成的网络，他们想要联手征服世界，同时还会分享有趣的喵星人图片。"这一回答不仅告诉你这是个什么网站，还说出了你能得到什么。（假设你是个爱猫的自大狂。）

> **记住**
>
> 你要说的是他们会得到什么，而不是你为什么希望他们去注册/购买/点击。

对于一家公司而言，用户的积极性要比产品的美观程度和易用性有价值得多——但是你在工作中谈到过它几次呢？

"我该做什么"

如果用户明白了"这是什么"，并且积极地想要知道更多或看到更多，那么你的设计就要明确体现出他们下一步应该采取的行动。

这可能是很小的事情，比如："我现在要点击哪里？"或"我要怎样注册？"

也有可能是稍大一点的事情，比如："我要如何开始？""我要怎样购买？"或"在哪儿可以获得更多培训？"

"下一步"很重要，有时候它的选择不止一种。你需要搞清楚用户可能需要些什么，然后告诉他们怎样才能得到。

解决方案与想法

UX 设计师必须每天都充满创造力。但相比其他设计师而言，我们对创造力的界定要少一些艺术性，多一些分析性。如果你不是在解决问题，那就不是在做 UX。

所有设计师的工作都离不开想法，所以优秀的想法很了不起！

想法是各式各样的：有些想法是我们想做的东西，比如一个鱼肉巧克力蛋奶酥（鱼肉与巧克力皆我所爱，所以把它们混在一起一定很棒）；有些想法具有特殊的个人意义，比如那个纹身会让你回想起你的宠物仓鼠"Chewy"（希望它能安息）；还有些想法能够解决问题，而这正是 UX 要做的。

解决方案就是对他人有意义的想法。

与大多数艺术家或其他领域的设计师不同，作为一名 UX 设计师，你要关注的重点不是那些对自己有意义的想法，而是创造力。但是如果这些想法对别人（即用户）没有意义，那对你也就没有意义了。

这意味着你要花费大量时间去弄清楚那些对你毫无意义的问题。你起初可能会觉得这很不近人情，但这也就是为什么 UX 设计是一份独一无二且富有价值的工作：因为它很难搞。

解决方案是可能会出错的想法。

在 UX 中，我们可以做一些测试：针对同一问题设计多种解决方案，看看哪一种效果最好，也可以直接询问用户更偏爱哪一种。

这意味着 UX 是一种特殊的设计：它允许**出错**，并且我们可以**证明**它确实出错了。

另外，同一个解决方案可能对这个网站适用，对另一个网站就不适用了！新浪微博这么做了，不代表你也能这么做。

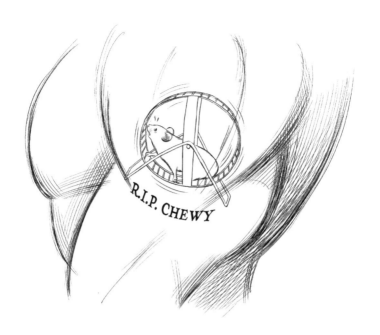

R.I.P. CHEWY

UX 影响力的金字塔

UX 设计可不仅仅是按钮和线框图那么简单。看似显而易见的东西只不过是冰山一角，最重要的东西则难以察觉。

作为一名 UX 设计师，你的工作是从用户的角度出发去**创造价值**。在 UX 流程中，有些部分创造的价值比其他部分更大，因此你要明智地安排时间。本书接下来的内容将会介绍这个金字塔的各个部分。现在，你只需要了解位于金字塔底部的层级（也就是比较大的几个层级），如果你忽视了它们，可能会毁掉一个产品。金字塔顶部的层级（也就是比较小的几个层级）通常比较明显，它们可能不会为你的产品增添价值，不论你在它们身上花费多长时间。

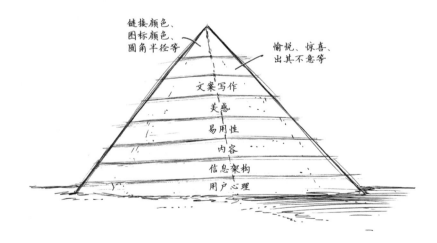

II

开始之前

用户目标和商业目标

在开始一个新的 UX 项目时，别急着动手设计，先明确两个
目标。作为一名 UX 设计师，要想取得成功，没什么比这更
重要的了。

用户目标

用户也是凡人，而凡人总有所求。不论他们是在社交网站上偷看前任的
信息，还是试图在交友网站上发展下一段恋情，抑或是在视频网站上观
看打喷嚏的大熊猫的视频，他们总有所求。

他们可能还想要做点能够产生成果的事（至少他们是这么告诉我的）。
从本书第 22 堂课开始，有整整一章的内容是关于用户研究的。现在，
先假装你懂得一些。

商业目标

每个机构创建网站或应用都是有原因的。通常都是为了钱，但也有的是
为了提升品牌意识或招募更多社区成员等。

商业目标的具体类型十分重要。比如你想要展示更多的广告，那么你的
UX 策略就要与通过社交媒体销售或推广产品的策略大为不同。

搞业务的伙伴们通常称这些为"衡量标准"（metrics）或"关键绩效指
标"（Key Performance Indicators，KPI）。

合二为一

UX 设计师面临的真正考验在于将这两个目标合二为一的程度——在达
成用户目标的同时又能实现商业利益（而不是相反）。

YouTube 通过打广告赚钱，而用户想要观看好视频。因此，可以将广告插播在视频中间或展示在视频页面。如果想做得更好，还可以提升视频搜索功能并且推荐类似视频给用户，这样就能让用户看得更多，从而为 YouTube 带来更多利润。

如果上述两个目标**没有**合二为一，那么你将面临以下两个问题之一：达成了用户目标，但没有实现商业利益（拥有很多用户，但没有取得成功）；没有达成用户目标（没有用户，也没成功）。

如果 YouTube 每播放 30 秒视频就插播 20 分钟广告，那它会死得很快而且很难看——没人有那么多闲工夫看广告。但是，如果能看到那些可爱至极的打喷嚏的大熊猫，那看几秒广告也不算什么。

UX 是一个流程

每个公司，每个团队，甚至每个设计师都有自己的风格。因此，找到属于你自己的风格很重要。

当人们谈论设计的时候，经常会提到"流程"一词，甚至这本书里也会出现好多次。

比如我经常会说："要在流程初期启动 UX。""科学的流程不会保留糟糕的想法。"

因此，你需要明白 UX 是个**流程**。

UX 不是一个事件或一项任务

如果有人认为 UX 就是一次性、一瞬间的事儿，或者是**某个人**需要完成的任务，可以随意打断，那就错了。

UX 设计师不是"做 UX 那部分工作的人"。这种说法就好像是说水只是饮料中的那部分液体。

如果没有 UX **流程**，那结果会**很糟糕**。世上没有"无体验"之物，即使是垃圾产品也有用户体验。

这种体验就是想杀人的冲动。

你需要在不同时间参与不同环节，以便设计出并捍卫优秀的用户体验。

每个公司都有其流程

作为一名 UX 设计师，你的流程就是收集所需信息、研究用户、设计解决方案、确保方案正确实施并评估其实施效果。

但是，你的公司还有一套完成整个项目的大流程。

这个大流程不仅涉及 UX 设计师，还涉及程序员、项目经理、其他设计师、策划、营销、副经理、中层管理者、执行经理、经理的经理，等等。

在你刚开始一个新的项目或一份新的工作时，要了解公司给你的定位，以此来适应公司这个"大机器"的运转模式，并且学会认同这一整套工作模式。

不断质疑流程

你的流程和**公司的**流程有一个共同点：它们都可以不断改进。

有些改进说起来容易做起来难。但 UX 是一个新兴的业务领域，所以你需要搞清楚 UX **应该**适用于哪里，而不仅仅是公司**期望它适用于哪里**。

如果你是公司的第一位 UX 设计师，那么你需要与同事和经理就这一问题好好谈谈。在生产流程中，UX 越早参与越好。

如果你只是众多优秀 UX 设计师中的一员，那么与其他设计师聊聊，看看他们认为应该如何优化设计流程以及你怎样才能发挥最大价值。

如果整个流程让你感觉自己处于人间炼狱——比如别人交给你一个名叫"迭代冲刺"的恶魔——那就跟管事的人说你有困难！可能还有更好的方式来完成工作。

如果公司的流程迫使你完成糟糕的设计，那么这就是错误的 UX 流程。

所以，勇敢地讲出来吧！

（注意：如果你修正了流程但设计还是做得很糟糕，那问题就不在于流程了。）

收集需求

在 UX 中，你越了解你做不到的事和你必须做到的事，你最终的设计就会越好。

对于许多类型的设计来说，寻找灵感并产生创意都是流程中的一部分。因此有人会用情绪板、摄影甚至致幻剂来解放思想、激发创意，从而产生艺术创造力。

但这并不能解决问题。

作为一名 UX 设计师，你应该通过不断地研究问题来发现其局限和约束，从而产生最具独创性的创意。

当这种局限性来自于你的同事或之前的工作时，我们就称之为"需求"。

需求能够防止你犯错

在实际的 UX 工作中，你的设计会影响到公司的其他部门：营销团队、程序员、行政人员。

与每个会受到影响的部门的利益相关者（重要人员）进行讨论。

列出可以解决的问题、无法改变的事情或者**必须**用到的技术。

营销团队有销售任务；程序员要改复杂的代码；行政人员要考虑长期目标；门卫……好吧，他们也许不会受到你的设计的影响，但是也许你能帮他们个忙——不要把红牛的易拉罐扔得到处都是。看在老天的份儿上。

与利益相关者交谈会让你避免一些费时费钱的错误。另外，你的桌子也不会在夏天招来那么多苍蝇了。

你现在是个 UX 设计师了，别人的需求就是你的需求。

利益相关者不会给你解决方案或祝福

不要混淆"需求"和"期望"。

当有人说他们**需要**什么东西时，问问原因。如果答案是关于他人的意见或期望，那就继续追问。

公司有时会深陷于那些糟糕的创意，因为每个人都认为已经做到最好了，但其实不一定。有时他们加了许多不必要的功能，因为没人说不。

达成共识

UX 设计师经常会发现自己夹在许多人和事中间。因此，你要准备好说服满屋子的人，让他们相信你的设计是正确的，而且要有充分的理由去支撑它。

上一堂课，我们学习了如何从公司的重要人物那里收集需求。

但你也需要在讨论中提供自己的信息。可能会有人不认可你的设计，如果你无法捍卫它的话，那别人凭什么相信你？

作为 UX 设计师，在进行设计**之前**就要有充足的理由来支撑你的设计，而且必须有能力维护自己的选择。

你必须要**证明**你是对的！

用专业取胜

深入的研究、坚实的理论以及全面的数据最有说服力。你要进行深入的调查，深刻理解用户及其问题和目标，并花时间向利益相关者解释他们的困惑。通过这些做法，与利益相关者达成共识。

另外，当你遇到很主观的问题时，一定要第一时间建议大家做个试验。在下一堂课"心理与文化"中，你会学到更多这方面的知识。

不知为不知。

永远不要在 UX 这件事上说谎

如果你不知道一个问题的答案，坦率承认，然后去寻找答案。

UX 不允许胡说八道。

UX 本就广受误解，如果你再被人发现是在胡扯，那我们就真的要给你点颜色看看了（这是不对的）。

在 UX 这件事上撒谎会让所有设计师都很难看。即使你的观点不比别人强，起码保证你的信息是准确的。

III

行为基础

心理与文化

人类的行为有些是可预测的，有些则不可预测。在本堂课中，我将介绍一个由两部分组成的模型，帮助你弄明白你能控制什么，不能控制什么。

心理

我们的大脑天生都一样（差不太多），虽然细节可能略有不同，但总体来说，都是思考机器。

我们都有喜怒哀乐，都想要获得尊重，都能学会骑自行车，宿醉后都会感到后悔。比如 Pinterest.com 这个网站的建立就利用了一个心理学原理——人们喜欢收集自己感兴趣之物。

在这个意义上，所有人的心理都是一样的。本书中的知识大多与心理学有关。每个人都有心理活动，你可以预测用户的心理，并将其运用到你的设计当中。

但是，人们身上的差异也很重要。

文化

出生之后，我们的大脑就踏上了不同的旅程。你可能是一位攀登珠穆朗玛峰的东方科学家，也是一位基督教徒；或者是个一天到晚看《怪物卡车》视频的西方艺术家，也是一位无神论者。

所有人都认为社会应该公正，但是在死囚牢房的合理性这个问题上却有分歧。继续以 Pinterest 为例，喜欢"收集"的人可能很多，但是收集的东西却因人而异。Pinterest 花费了大量精力去寻找每位用户的兴趣点，这些点可能是**界面**、**建筑**或**毛茸茸的小鸡**。

从这个意义上来说，文化对每个人而言都不相同。有类似经历或性格的人具有相似的文化，但是就每个个体而言，文化可以是任何东西。

实践上的差异

当你努力实现"最佳"或"完美"功能时，心理因素（比如收集喜爱之物）会逐渐成为你的焦点。心理因素的目标通常更加笼统，但是对整体的影响最大。

随着用户对个性化和分类的需求越来越强烈，文化因素（比如你的兴趣点）会不断扩张。文化因素无法被优化，只能被定制。它们的目标更为具体，但数量庞大。你收集的毛茸茸的小鸡图片可能无穷无尽——毛茸茸的、黄色而且毛茸茸的、毛嘟嘟的……

在本书中建立行为模型时，请牢记以上几个概念。

什么是用户心理

用户在体验你的设计之前、之时、之后所产生的每个想法都很重要。

等等……让我们花点时间倒回去讲讲广义上的心理学。

就耽误一小会儿。

不论你是在谈约会心理、消费心理还是浴室心理（尽管在研究所里不太受重视），你谈论的始终是我们从出生起就未曾改变过的大脑。

然而大脑里并没有"用户"专区。

UX 设计能够通过很多可以预见的方式影响大脑，这就是你要学习的东西——你的大脑与设计的关系。我将始终从实用性出发，不会时不时地回顾历史，也不会讲什么哲理，因为那不是我的作风。我也不会讲什么弗洛伊德，因为可卡因已经不再是一项"最佳实践"了。

我只讲你用得上的东西。

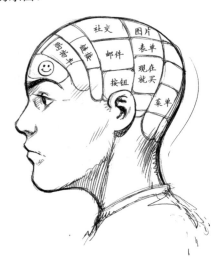

我们为什么需要了解用户心理

答案是：不了解用户心理，你就成不了优秀的 UX 设计师。

UX 设计是一项实践，通过对人们造成非随机的影响来解决问题。换言之，就是有目的地让人们感受、思考或行动。因此，你越了解用户的感受、思想和行为，就越是一位优秀的设计师。

了解心理学会使你明白许多事情，比如：人们为什么会分享？他们为什么不是每次都选最便宜的那个？或者为什么在 Dribbble 上获得了 200 个赞的设计实际上差劲得要命？

（是的，这是有可能的，而且还挺常见。）

这些问题的答案可能跟你想的不一样！你的直觉一直在欺骗你（在第 33 堂课中，你会意识到这一点）。有时候同一个设计在不同人眼中是不一样的，有些看似超级有个性的行为实际上是很普遍的。这些知识你都会在本书中学到。

什么是体验

关于哲学意义上的"体验",我们可以进行永无休止的讨论,不过我没有教授哲学的资格,所以也不会教。在 UX 中,我们需要切实可行的答案。

在本书中,我们会讨论体验的六大部分。

(1) 用户**感受到什么**?

在 UX 论坛中,经验不足的设计师最爱探讨这个问题。让用户"开心",询问他们的"喜好",让他们情不自禁地感叹:"哇!"用户有感受,这些感受对我们也很有用,但这只是体验的一小部分。我们能从用户的脸上和嘴里真真切切地看到、听到这些感受,我们可以衡量这些感受并与用户产生共鸣。因此,研究感受很容易。

(2) 用户**想要什么**?

这一点要重要得多,但是对用户来说却不易表达。用户的动机驱动他们的行为。他们做什么、点什么、选什么、买什么,甚至看什么、听什么,都取决于他们想要什么。"在锤子眼里,全世界都是钉子。"如果你改变用户看待问题的方式,有时他们想要的东西也会发生改变。

(3) 用户在**思考什么**?

将"思考"视为用户携带的某种东西(比如砖头),这会对你有所帮助。心理学家可能会将其称为认知负荷:每当你让用户去搞明白某件事、阅读几句说明文字、学习一项新功能、寻找正确的链接,或者同时做两件事,你其实是在给他们加砖头。大多数人一次只能携带几块砖头,如果你给他们太多的话,就会前功尽弃。

(4) 用户**相信什么**?

信任是个很微妙的东西,但是人们信任某物的理由是完全可以预测的。这就是在本堂课之前先学习"心理与文化"的原因。更重要的是，大部分人都不知道直觉也是可以预测的。一旦你了解了这一点（你会的），就能预测到人们会相信什么。

(5) 用户能**记住**什么？

讽刺的是，几乎所有设计师都忘了这一条。人类无法像摄影机一样准确记录每件事，所以我们的记忆是会出错的。我们只能记住特定的几个部分，而且随着时间的推移，记忆还会发生改变，有时记忆里的事情甚至从未发生过！你的设计能够决定人们会记住哪部分，忘记哪部分。

(6) 用户**没有意识到**什么？

这是优秀的 UX 设计师和那些只会画框线图的普通人之间的区别。大多数的日常体验都不会引起我们的注意：你一直都在呼吸，但你现在才意识到；你周围一直存在音量很低但持续的噪音，但你现在才发现；你刚刚注意到身上有一个地方很痒……老天爷……怎么这么痒……

UX 设计师还必须设计出用户永远不会注意到、不会给你反馈，并且也许永远不会记住的东西，比如信息架构（本书会用一整章来介绍）和启发法（用户的行为模型）。但这是一件好事！虽然客户不会因为这样的设计在会议上对你大加赞赏（因为他们也没有觉察到这个设计），但那些设计元素将会改变用户的行为，而只有数据会告诉你都发生了什么改变。

有意识的体验与无意识的体验

在现实生活中，你的大脑只将注意力放在了周围世界中很小的一部分，否则你就会被太多细节给淹没。本堂课阐释的是一个基本概念，但它却能产生巨大的影响。

有意识的体验

你可能听 UX 设计师讨论过"愉悦感"。通俗来讲，就是设计出让用户感叹"哇"的艺术。

要想创造愉悦感，有一件事是肯定的：必须要让用户有意识地注意到它。诺贝尔奖获得者、心理学家 Daniel Kahneman 说过，我们的意识就像是"一个坚信自己是主角的**配角**，而且经常搞不清楚状况"。

这听起来像是坎耶跟卡戴珊一家子似的，不是吗？

你可能感觉那些有意识的体验就是全部的体验，但事实上那只是一小部分而已。但是，这部分有意识的体验仍然很重要。因为正是这部分体验促使人们去分享、点赞、评论、下载和注册的。YouTube 经常会在视频结束时直白地让你去订阅，否则你可能不会意识到订阅这件事。

无意识的体验

无意识的体验就像是"本该如此"的事情。"本该如此"——我们在描述自己信赖的、相信的或简单的东西时会这么说。

但你永远不会"决定"去信任一个网站或应用——这种信任很自然就产生了。而且，只有当你的表单设计比用户想象得要简单时，他们才会注意到，否则他们可能根本不会提起。人们都认为事情**本该**简单。

这就是无意识的设计。

如果你希望用户信任或理解你的设计，那就必须让它看起来值得信赖或显而易见，否则增添再多的愉悦感也于事无补。易用性就是一门让你的设计在精神上遁于无形的学问。当然，你能看到这些设计，但是用户越是有意识地注意到你的表单设计，他们的体验就越糟糕，你应该让他们感觉自己不知不觉就填完了。表单设计或文案越巧妙，用户需要填写的内容就越少。

情绪

我们之前学习了心理学的核心部分之一，这部分心理会使你的情绪忽高忽低，时而泪流成河，时而笑容满面……

心理学家在情绪这个问题上争论不休，但我不打算谈这个。由于情绪在 UX 设计中非常重要，因此这堂课会略长一些，但我会提供人类已知的最简单实用的情绪模型。

- 情绪分两类：得与失。
- 情绪是反应，不是目标。
- 时间使情绪更为复杂。

得与失

情绪都是相对的：好的与坏的、正面的与负面的、开心的与不开心的。很简单对不对？我把这些归纳为**得**与**失**。

得到会给你正面的感受：一夜好眠之后你可能会神清气爽；中了彩票之后你会欣喜若狂；按摩师比往日按得更认真会让你心满意足。

我们暂时把这些情绪归为"开心"的一类。

失去会给你负面的感受：当你没睡好时会脾气暴躁；分手之后会肝肠寸断；突然发现你的按摩师竟然是你堂姐时会尴尬不已。

我们暂时把这些情绪归为"不开心"的一类。

情绪是反应，不是目标

如果我把你锁在一个黑箱子里面，并且通过化学药品让你永远开心，然后把那个箱子发射到外太空去，你没有交流的对象，也无法移动或控制任何东西，你还会觉得那是件好事吗？

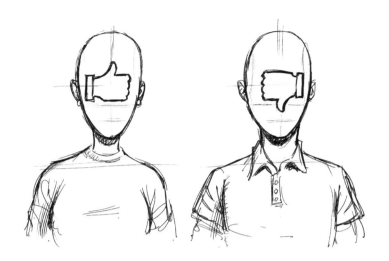

嗯……也许不会。如果你只是让用户感到"开心"，那么就像是把他们放进了那个箱子。五分钟之后，一切就不那么美好了。

人的感受有两种类型：情绪和动机。动机是我们想要什么（目标），情绪是我们得到或失去想要的东西时的感受（反馈）。我们将在下一堂课学到有关动机的知识。

作为UX设计师

你可以通过任何方式给用户提供反馈：分数、邮件、徽章、等级、点赞、关注人数等，让他们能够切实感受到自己的得与失；或者可以效仿Buzzfeed.com，让用户做做在线测试，看看自己属于哪一种冰淇淋口味所代表的性格。

时间使情绪更为复杂

你的情绪（或者说你的"心情"）是在不断变化的，这很正常。如果你的情绪起伏不定，可能是因为正在看一档真人秀节目。但情绪也不完全是关于此地此刻的——你会思考当下、回忆过去并期许未来。

看到包装精美的盒子时，你会想：礼物！但当有人对你说"我们需要谈谈"时，你会想：真烦。

"礼物"也有可能是一盒毒蛇，但在你得知真相之前还是会很开心。如果你预料到有什么坏事即将发生，（比如盒子上贴着："有蛇！"）就会感到恐惧（或"忧虑"或"担心"，总之是负面的情绪）并且试图避免或逃走——除非你正身处死亡航班。

在我看来，愤怒是一种更加有趣的情绪。如果你想要 / 期待某样东西，但是没有得到，那么你会对阻止你得到它的任何事物都充满敌意。这就是情绪与时间的相互作用。当有人说"我们需要谈谈"的时候，你的第一反应也许是恐惧，你想要保住这份工作、这段感情或者任何你觉得对方想要破坏的东西。但是当对方确实要破坏你想保留的东西时，你可能就会充满攻击性。现在，他们要阻止你得到想要的东西，如果他们成功了，你会很伤心（失去）；如果他们改主意了，你会很开心（得到）。

作为UX设计师

不要只想到开心。要在整个用户体验中管理用户的情绪，向他们传达一些令人舒适的信息和信号，比如利用一些小图标来告诉用户你的网站很安全，或者在用户付费之前，用文字提示他们可在下一页确认订单。

什么是动机

本堂课讲的是 UX 中最受忽视却也是最有力的心理因素：用户想要什么。

上一堂课解释了情绪是基于人们对目标的得失所作出的反应。

那么，什么是目标？**动机**就是目标。

动机是内在的心理需求，是我们想要的那些乱七八糟的玩意儿，其中有些是生理层面的（生存所需），有些是精神层面的，两者皆很重要。有意识的体验和无意识的体验都可能产生动机。

你可以同时拥有生理动机和精神动机，**也可以丢掉其中一个**。当你学习了如何把控这些动机之后，会对你的 UX 非常有帮助。

动机是相对的。也就是说，它跟你得到多少无关，而是关乎你得到的比你已有的或他人已有的多多少。

在我的另一本书 *The Composite Persuasion* 中，我列举了 14 种所有人都会有的动机。其中至少有 6 种动机对你的（数字）UX 有帮助，另外还有 3 种是游戏机制和社交网站（如 Facebook 或 Twitter）的基础。当你知道如何利用这些动机时，它们就会变成 UX 的魔法药水。

14 种普遍动机

那么，这 14 种动机究竟是什么？

逃避死亡

很明显，死亡是件坏事，进化论也这么认为。你会努力活得更久（得到），并且避开任何威胁生命（失去）的东西，比如高空、火焰或毒蛇。有些人会自杀，但是只有当其他某个动机胜过生存的意愿时，才会发生这种事。

避免疼痛

疼痛与死亡有点相似，但并不一定威胁生命。这里所说的疼痛指的是摔断了腿的那种实实在在的痛，而不是超级男孩乐队解散却没给我留下任何东西（一点儿都没有！）的那种心痛。

空气 / 水 / 食物

你的身体需要能量支撑。当能量不足时，身体会发出需求，让你补充能量。这种需求越迫切，你就会越抓狂。

体内平衡

这是你身体内部的"平衡"。还记得上一次你喝多，回家倒头就睡，一小时后爬起来大吐吗？这就是你的身体想要达到平衡的动机，这种动机还会促使你晚上起夜和早上"排毒"。你敢对这种动机说不吗？我猜你不敢。

睡眠

近期研究表明，睡眠也许是你的大脑进行清理和维护的时间。如果你长时间不睡觉或者长时期看电视，就会感到身心俱疲而不得不去休息。

性

有时也称为"诱惑"——不要跟"浪漫"混淆，因为浪漫指的是爱。性是很微妙的，因为它是违反直觉的。在下一堂课中，我会专门讲这个问题。

爱

这也会在下一堂课讲到。爱分为三种类型——对家庭之爱、对子女之爱以及对伴侣之爱，不同的爱带给你的感受也是不同的。

保护儿童

你不需要在这部分花费太多时间，只需要知道它的存在就好了。许多事情一旦涉及儿童，就会变得不恰当或者更加严重。我相信你一定能想到与此相关的犯罪行为。但是有时就像广告里说的，我们需要一些额外的规则或限制来确保安全。为什么？因为从进化论的角度来讲，尚未达到生育年龄的人比已经生育过的人更有价值，因此我们必须保护他们。

归属感

这是一种想要归属于某个群体的动机。你将会在第 18 堂课中学到相关知识。

状态 / 地位

这一动机会驱使你想要有自己的车（打个比方），想要比别人更优秀。你将会在第 19 堂课中学到相关知识。

公正

这一动机想让天平的两端达到平衡，让每个人都得到自己应得的。你将会在第 20 堂课中学到相关知识。

求知欲（好奇心）

求知欲是一个特别有意思的动机，但是想在 UX 中利用它并没有很多人想得那么简单。关于求知欲（好奇心）的知识会放在有关动机的最后一堂课讲，它会改变你对很多事物的看法，包括易用性、入职培训、广告宣传和用户应对变化的方式。

本堂课对动机做了非常简要的介绍，希望你能大致理解 UX 如何影响用户行为。如果用户忠实于或十分欣赏你的产品，那是因为他们**实现了**这些动机。

动机：性与爱

噢，宝贝，把灯光调暗，点上几根蜡烛，然后把那些裹着巧克力的草莓拿出来，是时候研究一下拉近人与人之间距离的两个动机了——无论是线上还是线下。

性是想要触碰彼此温暖而柔软的身体的动机，而爱是想要感受那份温暖与柔软的动机。在这里，我们要学习这两个动机，你会发现它们竟然如此不同。

不过我有言在先……

免责声明

性是一个比较敏感的话题。首先，这个话题可能有点肤浅，请不要因此感觉受到了侮辱。其次，当我们谈及性别和行为的时候，会牵扯到一些政治因素。我会使用"女性"和"男性"这样的字眼作为性别区分，但是请注意，"男性"的性行为并不全是指身体行为，反之亦然。不过这堂课如果太深入细节，那就显得有点粗俗了。

因此，为了打消有些人心中的疑虑，我坚信并呼吁人人都应当受到尊重，不论他的性取向如何。

性是关于繁殖的

在繁殖这件事情上，女性贡献了一半，男性贡献了另一半。但是在特定意义上，两者存在明显差异，而这些差异给我们造成了很多问题。

将"两性吸引"想象成一场拍卖

如果你有一个很珍贵或很稀有的东西，你会想要把它卖给出价最高的人，对吗？这就是**鉴宝**类节目如此受欢迎的原因。一件东西越有价值，你就越应该保护好它，想得到它的人也就越多。如果你有一幅毕加索的画，那么只有出得起高价的竞拍者才应参与竞拍。反之，如果你出得起很高的价钱，也只会花时间去竞拍类似于毕加索的画这种价值连城的东西。

另一方面，如果你出不了高价，就只能去关注竞争小一点的拍卖品。如果你没有什么稀罕的东西，也不会指望对方出高价。性吸引就有点像这样一场拍卖。

这个比喻也许**听起来**挺简单，但我们现在谈论的是人，人可绝对不简单。在这样一场"拍卖"中，**感知**是很重要的一部分。这与某个人实际上有多么"珍贵"或"稀有"无关（因为我们每个人是独一无二的），只与其**看起来**有多么优秀相关。

有些性信号一目了然，比如漂亮的衣服、匀称的身材，或"相信我，我很性感"的姿态。另外一些信号则不易察觉，比如自信和才华。还有一些信号与个人品味有关，比如你的爱好或喜欢的音乐类型。

作为UX设计师

为用户提供信息，使他们能够对"质量"（受欢迎程度、兴趣、外观等）作出判断，从而找到符合他们品味的。这种信息可以很简单，比如关注人数或一张照片，也有可能需要提供视频展示、文字描述和细致的分类。

听起来可能很荒谬或出人意料，但是在 A/B 测试以及优化设计、广告投放和搜索体验方面，最活跃的商业形式其实是色情网站。那是一个竞争异常激烈的行业，他们甚至必须考虑让用户可以单手完成操作。这绝不是在开玩笑！

我们还要积极增加获得性生活的机会。短短一句话就能大大激发人们的动机，例如："在个人资料中多放几张照片会更受欢迎。"一旦用户知道了这一点，你认为他们还会只放一张照片吗？对所有人来说，更多的照片就等于更好的用户体验。

爱

如果说性是肤浅并短暂的，那么爱就正好相反。它是由希望、梦想、关怀、共赢、彩虹和阳光共同铸就的。

哇塞!

你可以爱你的伴侣、孩子或家庭,但这些爱都略有不同。从根本上来说,爱是一种互相满足的动机(即你让他们快乐,他们也让你快乐)。

获得浪漫爱情的诀窍是:找到一个相爱的人。我们倾向于选择价值观相同的人(你们的是非观念一致),因此你需要为用户设计一种方式,让他们能在人群中找到**同类**。

不过浪漫的爱情还包括性的部分,而你对孩子的爱主要是保护和陪伴他们成长,对家庭和朋友的爱则是出于"主权"意识。所以你所设计的功能应当帮助人们依据不同的爱作出相应的行为。

作为UX设计师

帮助用户寻找爱就像是帮助他们购买洗碗机一样。他们只需要一台洗碗机,而这些洗碗机的基本功能几乎是一样的,但是每个人对于"完美"的洗碗机有自己的看法。你要给他们提供筛选、比较、询问、保存和追踪等功能。

动机：归属感

社交媒体与游戏占据了互联网中很大一部分，而它们背后的主要动机是相同的。这些动机之一就是归属于某个群体的欲望。

归属感以及接下来要讲的两个动机都是相对的概念。只有当你将自己与他人做比较时，这些动机才变得重要。这几个动机都是我的最爱。

归属感

归属于任何一个群体：某个组合的粉丝，职位名称中包含"UX"的同仁，同乡，喜欢周末钓鱼的人，讨厌周末钓鱼者的人。

各式各样的团体。

作为群体的一员（或者我们相信自己是其中一员），我们会感到很骄傲。我们穿着同种颜色的衣服，唱着同样的队歌，购买这个群体的纪念品，展现这个群体的徽标，等等。这个群体可以是一个运动队、一支乐队、一所学校、一个国家或者只是你的家庭。如果你所在的群体有个敌人，那么你十有八九也痛恨那个敌人。如果你所在的群体有共同的信仰，那么你十有八九会痛恨那些与你们信仰不一致的人。

作为UX设计师

允许用户归属于某个群体，或者体现出与他人共有的属性——比如加入协会、为页面"点赞"，或者选择配色方案。

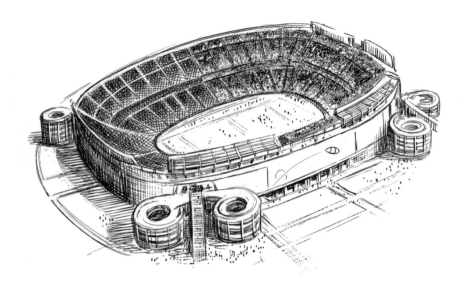

动机：状态、地位

社交媒体和游戏大行其道，其背后的另一个动机是想要控制他人，与他人比较、竞争，要成为最强者的欲望。

状态、地位

自己做决定。你可以称它为自由、自主、责任、权威、控制或反抗。你想通过各种方式成为那个做主的人，至少能做自己的主。

人们总想主宰自己的命运，自己做决定，即使别人能够做得更好（比如买股票），或者这种自由可能会带来更多的风险（比如工作中要承担更多的责任）。

你应当给予用户控制权，但要在力所能及的情况下帮助他们作出更好的决定，并杜绝把事情搞砸的可能性。在用户进行有风险的选择时，要增加确认环节，或者使这些选项很难被误选——"总统先生，您确定要发射核弹吗？"

成为最强者。成就、统治、胜利、名气、金钱、才华、异性缘等欲望都会迫使你想要高人一等。

这就是赤裸裸的竞争，但这种竞争并不一定是游戏或竞技的形式。只要是所有用户都能做到的事情就可以（也将会）成为一种竞争，不论是个人简介中的迷人照片还是拥有大量关注者。你只需要选择一种方式来利用这种竞争的动机。

永远不要走下坡路。记住：我们对已有的东西会充满保护欲。人们会奋力维持现状，即使那只是一个虚拟的"分数"。

有时候，适当增加点竞争是件好事。如果你不在，你的农场就会破产（比如《开心农场》这款游戏），又或者你的"活跃等级"就会下降（比如Tumblr 这种社交网站），那么你会更积极地确保自己不会失去现有的状态。

当我在写这本书的时候，Instagram 清理了网站上数百万的**僵尸粉**——这对 Instagram 来说是件好事，但是却让用户很**失落**，因为他们的关注人数减少了。他们宁可要含有僵尸粉的高关注量（较好的状态），也不要全是真实用户的低关注量（较差的状态）。

作为UX设计师

让用户自行定制某些功能，比如个人简介中的照片或者隐私设置，但切忌让用户做出超出他们控制范围的重大选择。创造某种衡量用户行为的方式，让他们以此为依据与他人比较，比如高分榜中的分数，Instagram 中的关注者，或者成为 Foursqure 网站中的"市长"。

动机：公正

因为这个小孩挑起了打架，所以活该被打成黑眼圈；另一个小孩出手伤人，错应该在他；两个小孩都有错，半斤八两。不管你怎么想，那都是你认为的公正。

公正

公正就是人们应当得到他们应得的。

每个人都认为自己值得被喜欢，即使大部分人有时很混蛋。我们对希特勒的看法都很一致：他不仅是个领导人，更是个"邪恶"的领导人。我们都很乐意看到弱者逆袭。

公正是一种平衡力量的情感需求。

公正最有意思的地方在于它仅适用于除它以外的动机。如果由于 A 的原因造成 B 在其他 13 种动机之一中遭受损失，那么我们希望 A 也遭受同样的损失（或者等价的损失）。如果 A 使我们在其他动机中有所收获从而感到很开心，那么我们就会感觉欠他一个人情。

另一方面，如果一个小孩出手打了另一个小孩，我们作为旁观者可能会认为这不公平。但是，如果我们了解到这个动手的小孩其实是在反抗欺凌，那我们就会改变看法。如果我们发现实际上这个小孩根本就没被欺负，就会再次改变看法。道德往往是由视角所决定的，这可能就是哲学家喜欢争论这个话题的原因。

作为UX设计师

要提供行为规范或象征着尊重和荣誉的标志，或者赋予用户选择拥护对象的权力，比如微博礼仪，给第一个正确回答问题的人奖励黄金勋章，众筹项目竞赛，或者美国偶像竞选。

家庭作业 !!!!!!!!!

是的，家庭作业！

不要担心：你的家庭作业就是在 Twitter 上跟踪别人。

试着在 Twitter 上找到一份真人简介，而且这份简介里面不包含所属群体的名称，不包含任何所获成就，也没有体现任何信仰或支持的东西。

（空白简介不算，你这个滑头。）

如果你能找到一份这样的简介，请告诉我：

@HipperElement

动机：求知欲（好奇心）

如果看了新片的预告片，你会很期待；如果 Facebook 没有通知你就突然更改了功能，你会很愤怒。这都是求知欲（好奇心）在作怪。

求知欲指的是想要获得其他 13 种动机的相关信息的欲望，有时也称为好奇心。除此之外，我们还会去保护那些已知的东西。有趣的是，这一动机虽然简单，但是设计师和营销人员却总是把它搞砸。

以下是激发好奇心的三条规则。

(1) 用户必须了解到自己将会在这 13 种动机之一上经历得与失。

(2) 得失越大就越有趣。

(3) 别对用户和盘托出。

本堂课的例子有点类似于 iPhone 最初的网站—— 你所看到的只是一个比你口袋里那部不太智能的手机强一点的东西，但具体的细节却被他们隐藏了。

然后你就好奇啦！

如果那时候 iPhone 看起来和其他手机一样，那你就不会感到好奇，因为你根本不知道好奇的点在哪里。

如何毁掉好奇心

毁掉人们好奇心的最佳做法就是给他提供那 13 种动机以外的东西。讽刺的是，这种做法最常见的例子就是"有机会赢取 iPhone 或 iPad"。

首先，每个人都已经知道 iPhone 或 iPad 是什么了，也就没有了好奇心。

其次，通过这个**机会**只能赢取许多人已经拥有的东西。（还记得吗？状态和地位是相对他人而言的。）因此，在"状态和地位"这一动机上的收获其实很小，除非你是个小孩子或者你买不起 iPhone 等。

正确的做法应当是想办法让用户感觉通过你的产品能在某种动机上有所收获，而不是有所损失。所以不要再用赢取"废品"的机会来激励用户了。

作为UX设计师

当然，你还必须考虑到用户**想要**了解状况的情形。

如果用户可以在了解的和不了解的东西之间进行选择，他们会选择前者，不管实际上哪个更好。

当你改变或移除某个功能时，不要将"好奇心"作为营销策略。告诉用户将会发生的变化以及原因，向他们展示新功能如何使用并且给他们适应的时间（如果可以的话）。否则，用户会感到愤怒或担心，因为你拿走了他们已知的东西，这就是一种损失。

介绍iPhone

IV

用户研究

什么是用户研究

用户是 UX 的核心，也是你的眼中钉。UX 中有一条神圣的铁律，那就是"永远不要抱怨用户"。但说实话，有时候还真忍不住！然而，如果你有了这种感觉，可能是因为你还不够了解用户。可以通过研究来解决这个问题。

应该在项目的哪个阶段开展用户研究，人们对此各执己见

有些人认为项目刚开始时就应该做用户研究；有些人认为应该先画一些草图，然后再做用户研究；还有一些人认为，应该等有了产品雏形之后再去做用户研究。

他们说的都对，任何时候做用户研究都可以。可以早研究、勤研究。问题的关键点并不在于**什么时候**研究，而是在于**研究什么**，即："你想要了解用户什么？"

在针对人的研究中，你能得到两种类型的信息：主观的和客观的。

主观研究

"主观"一词指的是你对某个事物的观点、记忆或印象，是它给你的感受。这种感受所产生的是一种预期，而不是客观事实。

"你最喜欢的颜色是什么？"

"你相信这家公司吗？"

"我穿这条裤子显胖吗？"

（这些问题都没有正确答案。）要得到主观信息，你必须向别人提问题。

客观研究

"客观"一词指的就是事实，是实实在在、可以证明的。不论你的意愿有多么强烈，你都无法改变它。

"您在我们这款应用上花费了多少时间？"

"您从哪里得知我们网站的链接的？"

"那条裤子的尺寸是多少？"

如果人们有绝佳的记忆力并且从不说谎（尤其是对自己也不说谎），那么你可以问问他们这些问题。如果你能找到这种人的话，一定要告诉我。

客观数据是由**测量**和**统计**得出的。但是，如果你只是**计算**了某件事，那并不意味着它就一定是客观的或可信赖的"数据"。

"传闻"重复千遍也不是"证据"。—— 一位智者

例如，有 102 个人投票说某个东西很好，另外 50 个人投票说它很差，那你得到的唯一客观信息就是参与投票的人数。至于这个东西究竟是"好"是"坏"，仍然是一个主观看法。

到目前为止，还明白我说的意思吧？

（如果不明白，那一定是我解释的不清楚，绝不是你的阅读能力差。）

样本大小

一般来说，参与的人数越多，得到的信息就越可靠，主观信息也是如此。一个人的观点可能是完全错误的，但如果一百万个人都赞同，那么这个观点就代表了群众的想法。（但从客观上来说，仍有可能是错误的。）因此，在你的研究中，尽量多收集一些信息。

主观意见可以堆积成……客观的？！有没有搞错！

如果你让一群人去猜某个**客观**问题的答案（比如一个瓶子里有多少颗软糖豆），他们猜测的平均值往往会与正确答案极为接近。但是对于某些

主观问题来说，"群众的智慧"有可能会引起社会动荡，比如说让小布什当选总统，这可真是的……要小心这一点。主观想法永远也成不了客观事实，只是被认同的程度高低而已。

什么不是用户研究

你应该做一些用户研究，因为它非常重要。但是，请确保你
的问题是关于用户的想法或感受的，而不是关于你下一步应
该做什么。

不是你在测试用户，而是他们在测试你

作为一名设计师，你在用户测试中会处于权威地位，但你不能有这种想
法。正确的态度是：用户正在测试你的设计，如果他们没有做你预期的
事或者不会操作，那么**责任**在你，不在他们。

正常情况下，用户手里是没有正确答案的，但如果你通过一些引导性问
题或提示来向他们暗示正确答案，那么整个测试也就毁了，你什么也证
明不了。因此，当用户在进行测试或者回答问题的时候，你闭上嘴好好
观察。

用户不是用来寻找答案的水晶球

UX 是一套技能，而不是一种天赋。这意味着大部分用户是无法帮你进
行设计的，而且当你面临未知的挑战时，不能一味听从用户的想法。

你可以听取用户的意见，但不要他们说什么你就干什么。听听用户是怎
么想的，看看他们是如何尝试完成某项操作的，了解他们是怎样在你的
设计中迷失的，以及为什么会这样。然后，去寻找这些问题的解决方案。

不要去问用户想如何解决问题

如果用户认为这个按钮应该是蓝色的，或者他们想将产品按照产地进行
排序，又或者他们想让你打起铜钹、戴上小红帽，像猴子一样被他们

要，那么你可以把他们的意见记在笔记本上。但是，如果这些意见对你实现 UX **目标**并没有帮助，那它们就是没有价值的。想法和解决方案是两回事。

达成共识并不是一种 UX 策略

许多设计师认为，找到最佳解决方案的方式就是询问同事。其实并非如此。在设计过程中，你确实要考虑到同事对该项目提出的需求，而且要保持畅通的沟通渠道，这正是"合作"一词的意义。

但是，仅仅因为你公司里的人非常喜欢点击那个按钮时发出的放屁声，（谁会不喜欢呢？！）并不意味着用户就需要它。而且所谓的"你公司里的人"也包括你在内。在公司里，你的意见无足轻重。用户研究**并不是**用来证实你的意见的，而是用来发现意见的。

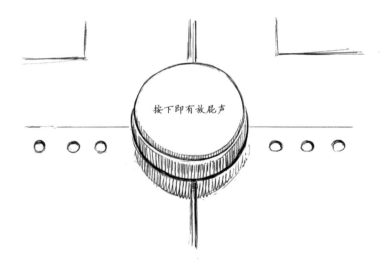

你需要研究多少用户

你是应该遵从广大群众的智慧呢，还是应该相信少数忠实用户的想法？你是应该去询问最了解你设计的人呢，还是应该询问刚开始使用你设计的新手？

这个问题很常见，而且是个好问题：你需要研究多少用户才能确保你得到了所需的全部信息？不过，这也得看具体情况。

问题越不明显，需要研究的用户就越多

比如说你的设计中有两个问题。

(1) 大多数人没有注意到这个能打开菜单的按钮。

(2) 定价页面让你的产品看起来像是付费的，但其实它是免费的。

以上两个问题都是我见过的真实测试案例。

我们假设，菜单问题会影响到三分之一的人，这意味着你**至少**需要研究 3 个用户才能发现这个问题。（实际情况下，有可能需要 4 至 5 个。）

再假设，每 20 个人中就有 1 个人会被定价页面所困扰，这意味着你**至少需要研究 20 个用户**才能发现这个问题。（实际情况下，有可能需要 30 至 40 个。）

所以，如果你找了 5 个用户来做一个常见的用户测试，那你很可能只发现了菜单问题而**遗漏了**定价问题。哎……

但在实际情况下，20 个人里可能只有几个人需要你的服务，所以定价问题可能会造成一笔不小的损失！这就是为什么面对面测试很管用，但在测试单个用户时就不那么靠谱了。

分别找一些符合用户概要以及不符合的用户

在第 30 堂课"创建用户概要"中,你将学到如何明确重要的用户类型。通过测试现实中符合用户概要的那些用户,你会看到他们的想法与你有怎样的差异,从而找到会影响真实用户的问题。

但是……

如果你只测试一个类型的用户,就会忽略其他思考类型的人所造成的问题。所以,在做用户研究时也要找几个怪咖(除了你的同事),只观察他们做什么就可以。你可能会有一些有趣的发现。

如何问问题

在 UX 中，尤其是在刚开始一个新项目的时候，你经常需要向一些真实的人问一些真实的问题，以得到真实的答案。

问题的三种基本类型

可以询问的具体问题有很多，但是基本可以归为以下三类。

(1) 开放性问题——"你会怎么描述我？"

这种问题可以得到非常多样的答案。当你想要获得尽可能多的反馈时，可以提这种问题。

(2) 引导性问题——"我们最好的功能有哪些？"

这种问题将答案限制在某种特定类型上。例如我上面举的例子，这个问题的隐含意思是，我们已经有了一些不错的功能，但其实不一定。注意：这种类型的问题可能不会给你想要的答案！

(3) 封闭性 / 直接问题——"我笑的时候好看还是皱眉的时候好看？"

这种问题提供了选项：是或不是；这个或那个。但请记住：如果选项很傻的话，结果也会很傻。专业提醒：不要问傻问题。

接下来的几堂课将会教你一些不同的研究方法，其中会用到一种或几种问题类型。

观察

给人们布置任务或提出要求，然后观察他们如何在没有任何帮助的情况下使用你的设计。接下来，你可以向他们提问。

访谈

找来一些人，准备一系列问题，一个一个地问他们。

将十几个人安排在一个房间里，提出问题，然后让他们讨论。

注意

在分组中，一些自信的人总想说服别人，而且总有一小撮人非常不靠谱。这就是为什么我宁死也不想参与分组座谈。

分卷

问卷是一种表格，可以让人们在纸上或在线完成答题。在做问卷时，人们会感觉像是在匿名答题，这一点很有用。

卡片分类

给每位用户发一堆想法或类别（可以写到卡片或便利贴上，或者放到网上），然后让他们用自己的方式将这些想法或类别分组。专业提示：不要让你的同事们来做这件事。

搜索

现如今，你可以免费在网上找到许多对你有帮助的想法。Google 就是这样一个网站，把你想知道的内容输进去——哦，你已经听说过这个网站了？好吧。

重要

- 以同样的方式向每个人提问相同的问题。
- 不要解释问题或提示答案。
- 当人们想要避免尴尬或者发现你更喜欢某种类型的答案时，他们可能会说谎。
- 访谈的时候要做笔记或录音。永远不要依赖你的记忆。
- 别理那些胡说八道的人。

如何观察用户

注视某个人是一回事，以研究为目的去观察用户则是另外一回事。如果你不知道这二者的区别，那么你的观察方法很可能是错误的。

记住：你的记忆力糟糕透了

录像、做笔记、两个人同时观察，或者这三种方法齐上阵。我妈妈说过："好记性不如烂笔头。"所以，一定要确保**在进行研究的同时**把情况记录下来，不要光凭记忆。

体会言外之意

测试的时候，用户常有一些肢体语言、面部表情，或者说"嗯……"，或者移动他们的鼠标，这些都会透露他们的想法和感受。如果你录下了屏幕状态和他们的面部表情，那后面就可以好好利用这些实时的线索了。

观察他们是怎样选择的，而不仅仅是选择了什么

UX 新手最常犯的错误就是忽略过程，只记录结果。

用户**出乎意料**的行为越多，这个测试的作用就越大。如果你的测试结果只有满纸的"已完成"和"未完成"，那这个测试就毫无用处。要记录他们是怎样一步步找到解决方法的，为什么他们认为这个功能会在这里，他们使用了哪些线索才找到（或者未找到）这个功能，**他们**是否感觉自己已经把这项任务完成了。

不要帮忙

当用户由于不了解你的设计而感到困惑时，你总会有想帮他一把的冲动。要忍住！一旦你帮助用户、给他们提示，或者指出有用的地方在哪里，那么这个测试就毁了，因为这时候是**你**在测试这个设计而不是他们。有时候，用户的失败就是最有用的结果。

真实的故事：人们会为了得到你的认可而撒谎

不要忘记你也在这间屋子里。人们会为了掩饰尴尬而说谎，或者表现得很无助以获取你的帮助，或者大力赞扬其实不怎么样的设计—— 这仅仅是因为你也坐在那儿。

在用户测试中，要永远做好用户会撒谎的心理准备，即使他们并未察觉自己撒谎了。"防人之心不可无。"又一句至理名言，谢谢妈妈！

访谈

如果你想问用户一些问题，或者观察他们初次使用你的设计时的情形，你需要跟他们面对面交流。

什么是访谈

访谈就是你事先准备好一系列问题，然后当面询问用户。

访谈的优点

- 可以补充问题；能够知道你的问题是否让人感到困扰；能让他们去完成一些任务；有些问题在纸面上可能难以回答，采用面对面的形式可以获得较长的开放性答案。
- 可以通过观察用户来获取一些非语言的线索，还可以通过游戏、小测验或者传送实时消息这种有时限的体验来了解一些信息。
- 可以亲自挑选测试人员。

访谈的缺点

- 因为你在场，所以测试人员可能会为了得到你的认可而调整他们的行为和想法。
- 很难把人们聚到一个还不错地方，因此通常只能测试寥寥几人。
- 对于一些令人尴尬或者私密性的产品或服务，面对面访谈的性质就不太合适了。
- 内向的用户最怕的就是面对面的访谈了。

你应当在……时进行访谈

在测试对方的主观感受时，要一步步深入。要视用户的行为而决定是否需要询问补充问题。

问卷

面对面的访谈不一定能够实现，因此有时需要把问题发送给对方。但是请注意，有些事情问卷能做，有些则不能。

什么是问卷

问卷由一系列问题组成，用户自行在纸上或在线完成答题，有时还是匿名的。这就像是 Buzzfeed 网站上的小测试。不同的是，测试内容不再是你的性格更像《哈利·波特》中的哪个人物，而只是要你给出反馈。

问卷的优点

- 用户可以私下完成，因此他们会更加诚实。
- 每位用户得到的问题都完全一致，这样你（也就是设计师）就不会因为问错了问题而将整个调查搞砸。
- 可以让数千人回答一份问卷，这样做起来既简单也便宜。如果你要亲自向这么多人提问，那就要准备好许多便携式马桶、好几卡车食物，还要请乐队来表演……那就是给自己找麻烦了。
- 没人会对问卷的结果感到失望，因为 UX 问卷永远不会告诉你："你最像的是大黄蜂。"

问卷的缺点

- 不能进行补充提问，因此在准备问卷时要更加谨慎。
- 问问题的方式或提供选项的顺序都会无意间影响到结果。
- 人都有惰性，因此问卷越长，能做完的人就越少。
- 答题者不能重做问卷，不能重新选择所有让他更像"哈利·波特"或"赫敏"的答案，即使他打心底里知道他根本不像"大黄蜂"。

你应当在……时采用问卷

当你想要比较不同用户的答案、控制问问题的方式、向大量用户进行提问，或者需要控制答题者的年龄、性别或地域等条件时，应当采用问卷形式。

卡片分类

有些类型的问题很难回答，因此最好让用户展示给你看。

什么是卡片分类

卡片分类指的可不是二十一点。

简单来说，就是你在"卡牌"上写下一系列主题或想法（这些主题或想法可能是关于你正在思考的内容或功能的类型），然后把它们发给用户，让用户将这些卡牌按照自认为有意义的方式进行分类。

卡片可以是一堆食谱卡，也可以使用在线工具制作。找大量用户对卡片进行分类，然后记录用户在不同卡片间创建的关联关系，这样就能了解用户认为最相关的想法或功能是哪些。卡片分类能够帮助你设计菜单与信息构架。听起来有点复杂，但我曾经在课堂上利用在线工具，让全班同学在 15 分钟内就完成了卡片分类。在学生来到教室之前，我花费了一个小时的时间，将某网站即将展示的内容做成了卡片。学生可以完全独立且快速地完成卡片分类，这显得我像是一位极为出色的教师。专业软件完成了所有的工作，根据学生的选择计算出了各种模式，这可能节省了我好几个小时的时间。

卡片分类的优点

- 规模庞大且复杂的网站（例如沃尔玛或 eBay）会让你感到无从下手。卡片分类能帮助你着手设计。
- 你能在一大堆看似混乱或无关的想法中发现其中的结构，或者无须询问用户就能了解到他们更看重什么。
- 我曾经为一个数字公司的网站做了卡片分类，这是因为我对其内容太过了解，从而无法从用户的角度思考问题。卡片分类还揭露了客户与潜在雇员看待这家公司的不同方式。

卡片分类的缺点

- 准备工作无疑有点枯燥，而且得到的答案顶多算是一种指导，远非解决方案。
- 卡片分类只是实验中的一种材料。
- 当用户得到卡片之后，无论他们是否觉得合理，都会将卡片整理一番。
- 如果你的网站或应用是电子邮件这种侧重工具性的，或者是陌陌这种非传统的，那么卡片分类的结果可能对你没什么帮助。卡片分类只能反映假设和预期，但不适用于创新。

你应当在……时使用卡片分类

当你知道自己想要添加什么类型的内容或功能，但又不清楚应当使用哪种策略来组织这些内容时，请使用卡片分类。

创建用户概要

正如营销人员有目标受众一样，UX 设计师也应当有用户概要或用户形象，即基于研究而对用户进行的描述。

什么不是用户概要

首先，让我们明确一下什么**不是**用户概要。

- 性格类型
- 人口统计信息
- 在"品牌故事"中对应的角色
- 基于经验而对用户产生的刻板想法
- 肤浅的或单维度的
- 概念
- 预测

那么，用户概要是什么呢

用户概要是对真实大众的目标、期望、动机和行为的描述。比如说，他们为什么来到你的网站？他们在寻找什么？他们会因为什么而感到紧张？你的研究和数据要能反映出你所需的全部信息。如果你无法通过研究或数据来证实这些信息，那就表明你做的事情狗屁不通，应当马上停止。

糟糕的用户概要

用户 A 是 35 至 45 岁之间的男性，收入与受教育程度皆超过平均水平。这个群体至少有一个孩子和一辆新车。他们性格外向、事业心强，倾向于用右脑思考。

糟糕的原因

如果你在做广告销售，那么上面这份用户概要对你来说用处不大。为什么？因为它无法让你否定任何关于功能的点子。35 至 45 岁之间的男性需要什么样的功能——可能是任何功能！

实用的用户概要

用户 A 是资深经理，对一到两个专业领域尤为感兴趣。他们经常上网，但是由于时间紧张，所以会先"收集"内容，然后在周末进行阅读。他们经常在社交媒体上共享信息，主要是通过 Twitter 和 LinkedIn 这两个网站。他们认为自己是思想领袖，因此很注重公众形象。

实用的原因

现在你有很多可用的信息了！你有了建立内容分类的基础，你知道空洞的内容是不受欢迎的，自我形象的维护与提升十分重要，你还知道用户需要一个简单的信息分享渠道，并且他们只在意某些社交类型的信息共享。

你可以拒绝 Facebook 的活动了，因为这些用户不会在 Facebook 上花费时间。而且"精华版"邮件（一周活动的摘要）推送比频繁的通知消息要好，因为这些用户没那么多闲工夫去查看这些消息。

想象几个"理想的"用户

当你在考虑功能的时候，想象一下你在现实中见过的最有价值的用户类型。并不是说他们现在的行为值得鼓励，而是要把这些用户逐渐变成"理想的"用户。

同时要记住，用户不是一式一样的。所以你需要几种不同的行为类型小组，并且每个小组都要有相应的用户概要。

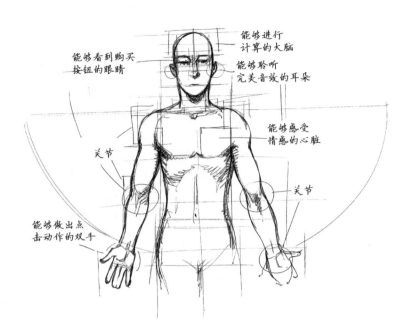

能够进行
计算的大脑

能够看到购买
按钮的眼睛

能够聆听
完美音效的耳朵

能够感受
情感的心脏

关节

关节

能够做出点
击动作的双手

设备

当今时代，我们关注的可不是一部手机或一个笔记本本身。
下面的六个步骤能够帮助你对不同设备的设计进行思考。

第一步：手指还是鼠标？

此处我不深谈，因为第 70 堂课"触摸与鼠标"专门探讨了这个
问题。

第二步：从小设备开始

许多人认为设计应当"移动优先"，因为移动应用非常受欢迎。但
也不尽然如此：如果你从外形最小且功能最少的设备开始设计，就
能关注到设备的内容与核心功能，从而得到简单且美观的应用 / 网
站。反之，就会像拼命把棉花糖塞到零钱罐里一样，不仅麻烦，也
不美观。

第三步：这个设备都有什么特别的功能？

移动设备随着我们到处移动，（没想到吧！）因此我们在它们身上花
的时间更长，同时定位功能也成了移动设备的一个要素。移动设备
很小，因此这些设备的可移动性本身就是一种功能。笔记本移动起
来没那么方便，但是它们的功能最强大，有超大的显示屏和键盘，
并且可以通过鼠标来完成精准的操作。不要担心设计的"一致性"
问题，因为不同的设备需要不同的思考方式。

第四步：软件

支持 Mac 机还是 PC 机——这不仅是一个机智的广告宣传。在开始
设计之前，先通读 UX 指南。iOS 7 或 Windows 8 看上去与 iOS 6 或
Windows Vista 是不同的，所以你需要选择支持哪些版本、忽略哪些
版本。每当你多支持一个版本，未来的设计、开发和维护的时间就
要多出一倍。因此，三思而后行！

第五步：响应式

它是否需要联网才能使用？它是否支持不同类型的手机？如果苹果公司生产了一款略有不同的新手机，它能支持吗？现代网络可以支持所有设备，不论是网站还是应用，所以你要决定是设计不同的布局还是为所有类型的用户设计一个完全响应式的网站。

第六步：同时考虑多个屏幕

这有点超前，但我认为你已经准备好了。你能像使用遥控器和电视那样同时使用手机和电脑吗？同一屋内的多部手机可以控制同一平板电脑上的游戏吗？如果你登录了两台设备，你能将一台设备的数据"扔到"另一台上吗？两台设备是否可以共用同一位置信息？要怎么实现信息同步？同步之后会立即引发什么问题？如果两位用户在不同设备上同时使用同一账户登录会发生什么？考虑一下这些问题！

V

思维限制

什么是直觉

在 UX 设计中，你会经常听到"直觉"这个词。它是指用户在没有经过解释或训练的情况下就能明白状况。注意：主体是用户，而不是你。

直觉常被称为常识或"第六感"。有些人相信他们的直觉非凡（事实并非如此），并且每个人都认为自己的直觉是对的。然而，常识并不像你想象的那样寻常，直觉也**并非**与生俱来。相信我，如果让婴儿来做 UX 设计师，他们一定做得很糟糕。直觉是建立在经验之上的，即你对某些事情的预期是基于你曾经的经历的。

那些北美人在亚洲上公厕时可能会感觉很困扰，因为他们只看到地上有个洞。同理，两个亚洲人到北美如厕时可能会同样感到困惑——要怎么蹲在那些会冒水的怪椅子上呢？

直觉性的、反直觉的，所谓的"正常"只是相对而言。

当正确答案摆在那里的时候，很多人很难接受自己的直觉是错的。这种情况数不胜数。

作为 UX 设计师，直觉可能是你的劲敌

人们常说："相信你的直觉。"这是个愚蠢的建议，因为每个人都相信自己的直觉，生来就是如此。这种建议就好像在说："吃你觉得好吃的。"虽然我不是医生，但如果你想要保持健康的话，这应该不是个好建议。（在第 33 堂课"什么是认知偏差？"中，我们会学到为什么这听起来像是个好建议。）

你的直觉经常会使你犯错。要想避免这些错误，就必须怀疑自己的直觉。

UX 设计师的任务就是为他人的直觉而设计

而不是你自己的直觉。

当涉及成千上万的用户时，"直觉"意味着要让大多数人能够理解，无论你属不属于"大多数人"中的一员。

你知道得太多了——还记得这句话吗？

你说自己是凭直觉设计的，这就像是对着镜子里的自己说："你是世界上最聪明的人。"你需要根据数据和用户反馈来确定这一点。这就是我如何**知道**镜中的自己是最聪明的人的。

什么是认知偏差

大脑是一个系统，在接收某些类型的信息后，会产生对应的决策。但是，如果你接收的信息不适合大脑来处理，你得到的结果也就不尽人意。

你看过《黑客帝国》这部电影吗？当男主角 Neo 见到母体的设计师时，他发现曾经有很多其他 Neo 存在。他们是时常发生的"系统异常"，也就是系统缺陷。

认知偏差有点像这种系统缺陷。如果你问别人一些特定类型的问题，或者以某种特定形式来问，那么"直觉系统"就会自信地选择错误的答案。你可以在 UX 设计中利用这一点：让用户任意选择他们想要的，但大多数情况下，他们选的都是你想让他们选的那个。只要你掌握了这种方法。

接下来的几个例子会有助于你理解认知偏差。

锚定效应

你说出的第一个数字会影响人们脑中的下一个数字。例如，如果你让人们向慈善机构捐款，那他们可能平均会捐助 2 美元。但是，如果你"建议"捐助 10 美元，那么他们平均捐助的数目可能会上升至 5 美元左右。你没有改变任何事情，只是将建议的捐款数额锚定在 10 美元，人们就会感觉 2 美元过少了。

下次你募捐的时候，把目标定得高一些。虽然达不到目标金额，但也会比没设定目标时高一些。

从众效应

相信某件事情的人越多，其他人就越会相信它。信息的真假不会因为有多少人相信它而改变，但是大脑并不知道这一点。你妈妈肯定说过："别人跳楼你也跳吗？"（因为每个妈妈都说过这句话。）

这就是为什么你应该经常展示点赞数、注册数或者分享数。这也是为什么商业广告要说"一百万人的选择，错不了"这种屁话了。

一百万人也会犯错的！

诱导效应

这是我最喜欢的一个认知偏差。假设你想要订阅一份报纸，有如下选择。

- 仅 Web 版：10 美元
- 仅印刷版：25 美元
- 印刷版加 Web 版：25 美元

哪一种最划算？考虑几秒后，你八成会觉得印刷版加网页版性价比最高。

为什么？因为仅印刷版的价格只是一个"诱饵"，没人会选它。它存在的唯一目的就是让那个最贵的价格看起来很划算。尽管没人会选它，但如果你把这个选项删掉，那么六成人会选择最便宜的那个选项。

这是不合理的，**是有偏差的**。如果你的国家马上要举行选举，请三思而后行。

认知偏差的类型多种多样，一堂课根本讲不完。要学习更多这方面的知识，请在维基百科上阅读认知偏差的完整列表。

选择的错觉

无论你设计的东西是什么，其使用方式都只能让用户自己选择，不论是菜单、定价还是产品清单。但 UX 能够影响用户的选择。

许多设计新手认为用户的选择是随机的。因为用户可能会做任何选择！

不过，也不完全是这样。

他们可以随意选择，但是他们不会那么做，也不应该那么做。有些时候，用户选择了什么（对我们来说）真的不重要。但还有些时候，他们的选择会直接影响产品的成败。要始终给用户提供他们所需的选项，并且要确保每样东西都很容易被找到。作为 UX 设计师，你可以在用户不作出任何牺牲的情况下，把自己的目标最大化。

以下是四条很好的原则。

(1) 选择的悖论

理论上来讲，**什么都不选**也是一种选择。

选项越多就越难选。我们称之为选择的悖论。如果用户无法作出决策，他们就会离开。但如果选项很多，会让人感觉这个东西"人人有份"，但其实你给每位用户都出了个难题。从三个选项中认真出一个不难，但从 30 个选项中认真选出一个却不太现实。

(2) 你看到的就是全部的选项

即使还存在其他可能，大多数人也只会考虑那些已提供的选项。在美国的相亲节目《单身汉》中，永远不会有人说："第二枝玫瑰归……摄影师 Bruce。"

也许 Bruce 值得拥有那枝玫瑰，但他却不是一个备选项。如果《单身汉》这个节目可以选择地球上任何一个人，那它就不是个好节目。

不论你是在设计送货方式、订阅功能或者问卷问题，这一点都很重要。每个选项都应该让用户更贴近他们的目标，而你可以将这些选项设计得更利于实现自己的目标。

(3) 明智地选择默认选项

在 Dan Ariely 关于决策的 Ted 演讲中，他提到了一些说明好 / 坏默认项的极好的例子。

简言之，有些国家鼓励民众去捐赠器官，但很少有人这么做；有些国家不鼓励民众去捐赠器官，但超过 90% 的人会去这么做。

对用户来说，什么也不做很简单。因此对公司来说，懒惰选项应该是最好的选项，理想情况下，对用户来说也是如此。如果用户确实可以做"任何"选择（比如你想买什么就买什么），那么锚定效应就是在他们脑中设定一个默认选项。

(4) 比较就是一切

用户会先对选项进行比较，然后做出选择。因此，你应该给选项之间创造差异，从而衬托你中意的那个选项。上一堂课我们学习了**诱导效应**，这是衬托某个选项的一种方式，下面还有其他几种方式。

- 可以指出哪个选项"性价比最高""最受欢迎"或者"吃的人最多"。
- 可以将订阅的费用按照"月费"或"年费"展示给用户，让他们知道年费均摊到每个月会更便宜，尽管年费的费用其实是最高的。
- 描述哪种类型的人应当选择哪个选项。哪个类型更符合"你的特点"？许多产品都有"专业版"，因此也就具备了某种身份特征——你是个外行还是个专家？
- 将功能列在一张表里，这样用户就可以看到选择免费版而不是付费版会"失去"什么功能。
- 搞促销活动！不要停！标出"平日价"，这样用户就能看到他们"省"了多少钱。确保他们在最有利润的那一项省的钱最多。

我还能说出很多其他方式，不过你肯定明白了。

注意力

本堂课讲的是一个简单的概念，但大多数人对这个概念都有所误解。然而，这个概念会从方方面面影响你的设计方式。

大脑只能有意识地同时做一件事，因此它需要一个关注点。这个关注点每天从一件事转移到另一件事，这就叫作**注意力**。讽刺的是，大多数设计师都忘了注意力这回事。这个概念看似简单，但却总被我们忽视。在我看来，人们把注意力当成了一个定时炸弹，他们竭尽全力，希望在时间用完之前能创造一些有趣的东西。

这并不是有效运用注意力的方式。

注意力就像是聚光灯，它只聚光于某个特定的事物。如果你想让它指向别的事物，那就要先把它从前一个事物上移开。当你移动聚光灯时，光线以外的任何事物都不会被注意到。注意到这一栏内容就会忽略其他栏的内容，注意到这些横幅广告就会忽略其他横幅广告，以及光线以外的其他广告。

如果你想让人们注意到某个事物，要么让它靠近聚光灯，要么让它在黑暗中发光。

以下是获得用户注意力的几种方式。

移动

> 这是视觉系统中级别最高的一部分。因此每当有事物在移动，你的注意力就会本能地被吸引过去。但是如果每个事物都在移动，那么静止的事物就会吸引你的注意力。

惊讶

> 这跟"震惊"或"开心"不是一回事，这是第 53 堂课中讲到的突破模式的原理。当某个事物不符合我们的预期时，就会引起我们的注意。

大号文本

大号文本通常用于显示设计中的"主要信息",这样能让我们第一眼就看到它。

声音

声音警报可能是互联网上最惹人讨厌的东西之一,但它确实能吸引你的注意力。如果运用得体,效果还是很不错的。

对比与颜色

这两个因素可以使设计中的某些部分脱颖而出,用户不用直视它们就能注意到。这部分知识会在第 51 和 52 堂课中讲到。

你为了获得注意力而牺牲了什么

每当你通过动画或声音来添加额外信息或获得人们的关注时,你都是在窃取他们在其他事物上的注意力。想要"获得"注意力就要付出一些"代价",这就是**机会成本**。

当某人非常努力地实现了一个多功能的用户界面(UI)细节时,人们对这个细节的争相评论可能会很有趣,但如果这导致人们忽略了购买按钮,那它就是个失败的设计。如果一个 UX 设计师想要设计"用户可以体验的一切",那他就没有抓住注意力的要点。

UX 并不是要创造出一个完美的世界,而是要消除任何阻碍你实现自己和用户目标的事物。好的 UX 是**做减法**,而不是**做加法**。

如果上帝是一位 UX 设计师的话,那你就会被关在一间又小又黑而且隔音的房间里,不能看时间,只能坐在舒服的椅子上使用一个只显示他的网站或应用的设备。

谁知道呢,也许真的是这样。

记忆

记忆中的体验是不完全、不精确、不可靠，有时候甚至完全是虚假的。这意味着你可以去"设计"人们的记忆。

记忆真的很酷

本堂课只能讲到些皮毛。

人们的许多决策是基于自己的记忆所做的，但是人的长期记忆可能并不准确。大脑的**记忆方式与摄像机不同**。每次你想起什么事情，大脑就会通过联想将记忆重构。但随着时间的变化，联想的内容也会发生变化。也许你已经成为了一名物理学专家，或者终于摆脱了那个穿得像吸血鬼一样去学校的阶段。

这意味着你不可能再像初学者那样去记忆物理知识，或者不会再认为假獠牙是很酷的配饰。每当你记住一件事，就会改变之前的记忆。

记忆生而不同

大脑将记忆重点放在那些感受更为强烈或更"新奇"（同时也抓住了你的注意力）的经历上。它还善于记忆那些重复了很多遍的模式和事情，这被称为惯例（**习惯**）或肌肉记忆。

作为UX设计师

你应该在你的设计中好好利用最后那几句话。其中有一部分是通过运用生平所学技巧就能做到的，还有一部分是在体验结束之后才能做到的。

重点强调

在我的另一本书 *The Composite Persuasion* 中，专门用了一整章来讲述改变人们记忆的方法。以下是其中几个小窍门。

向他们提醒产品中的优秀部分

如果你从苹果公司买了台 Macbook，那么你马上会收到一封介绍其强大功能的邮件。我打赌这封邮件会让你兴奋到忘记买电脑的初衷。

创造习惯

建立一个可以快速上手的点击 / 触摸模式会很有帮助。就像 Tinder 中的滑屏操作，最初可能有些陌生，不过一旦用户学会了，并且能够很容易地完成这个操作，那他们就会永远记住它。（还有人记得 Photoshop 的操作吗？）

个性化

许多网站会根据用户的选择来提升下一次的访问体验。我的 Pinterest 订阅中现在有 80% 是我喜欢的，但我一开始使用的时候只有 10% 是我喜欢的。Reddit 网站也是如此。我只是知道这一点，并没有专门去记它。

研究与记忆

在访谈或问卷中，用户所说的任何事情都不应被视为客观事实，那只是一个印象而已。我曾经看过一份问卷，上面问用户：“在来到这个网站之前，你访问的是哪个网站？”谷歌分析的数据显示，超过 30% 的人都说错了，那还只是 5 分钟之前的记忆。

你的记忆也一样靠不住。你应该把访谈录下来，或者做一份别人可以直接拿去用的笔记，并且把你的研究记录（以及源数据！）存档。

当心虚假记忆

不管你信不信，我们的记忆中都存在着某些完全虚假的事件。它们从未发生过，也不是任何真实事件的扭曲版本。YouTube 上有一些视频就是关于人们在真实生活中经历的虚假记忆。

还想对用户言听计从吗？

双曲贴现

易用性是 UX 领域中的很大一部分，也是对于大多数项目来说至关重要的一个因素。易用性的基础是某种认知偏差，它影响着我们对未来和对自己的预测方式。

双曲贴现听起来像个很复杂的数学问题，但它实际上是一个很简单的概念。

> **当下（或马上）发生的事情似乎比以后（或未来）将要发生的事情更重要。**

这条规则适用于你对价值的感知、对自己情绪的判断以及做重要决定的方式。这就是为什么大多数人存不住钱以及计划的时间总是不够用的原因。这也是人们会变胖的原因：比起"今后"锻炼身体，"现在"吃不健康的食品更容易且更开心。

易用性的本质就是让人们尽早且不费力地得到他们想要的。他们付出的努力越多或等待的时间越长，**感受**到的体验就越差。

动机与时间

在第 15 堂课中，我们学习了时间如何影响情绪，现在我们来讲讲时间如何影响动机。

假设我可以现在给你 100 美元或明年给你 120 美元，在现实生活中，你很可能选择现在拿走 100 美元，尽管 120 美元明显更多。假设你想要的某件东西现在要花 100 美元，或者明年要花 50 美元，或者今后的 12 个月中每月要花 10 美元，你会怎么选？

在现实生活中，大多数人会选择每月花 10 美元（就像你分期支付你的智能手机一样），因为这是"现在"最好的选择。尽管长期看来，那是最贵的选择。（做做算术！）

易用性是一条双行道

在 UX 中，我们经常谈到易用性。大部分情况下，我们都希望事情可以更容易、更迅速、更简单一些，因为这是用户现在就想要的。你的设计应基于让用户尽快并尽可能轻松地做出最有价值的行为。同时，让那些破坏性行为更费时间、更无趣，这样搞破坏的人就会觉得很没劲。

就像 Facebook 那样。

当你尝试停用 Facebook 账户的时候，它会使用双曲贴现来改变你的主意：表单很长而且很无聊，这样你想要停用账号的情绪就会慢慢降低。在临近结束时，它会向你显示你将会失去的朋友的照片，这时，你想要毁掉 Facebook（以及所有与之关联的事物）的冲动基本上就烟消云散了。

大多数人都会放弃停用他们的账号，尽管从技术上来讲是可以实现的。

VI

信息架构

什么是信息架构

到目前为止，我们主要讨论了了解用户和 UX 的方法。在本堂课中，我们要真正开始做些东西了。设计解决方案的第一步就是要有这个产品的大致框架。

信息架构（Information Architecture，IA）**指的是赋予许多信息以某种结构**（也就是以某种方式来组织这些信息）。对于小项目而言，IA 相对简单，但是对于大型项目而言，则会异常复杂。IA 是看不见摸不着的，要利用它，你需要画一幅**网站地图**。

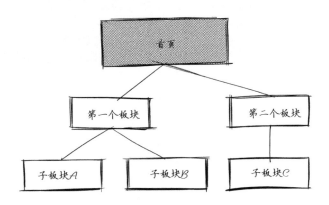

这个例子展示了一个拥有六个页面的网站：首页、主菜单中的两个板块以及三个子板块。它们之间的线条表示哪些页面是通过导航（菜单和按钮）连接在一起的。

注意

有一百万个用户并不代表也要有一百万个用户资料页面，所有用户资料可以共用一个页面。

将页面按照这种形式（就像家谱一样）组织好，就形成了一个"层级图"或"树状图"。大多数网站和应用都是这样组织的（但这并不是唯一的组织方式）。

网站地图的绘制并没有"一定之规"，但以下是几条总体方针。

- 看上去简单的，并不一定合理。
- 确保地图清晰易懂。
- 通常是从上往下绘制，而不是从左往右绘制。
- 不要把图画得太"花哨"——这是一份技术文档，不是时装秀。

要么深，要么平，不可既深又平

通常来讲，你的网站地图要么比较"扁平"（菜单中包含很多板块，经过少量点击就可到达网站底层页面），要么比较"深"（菜单更加简单，但是要到达某个地方就要多点击几次）。

请注意，接下来这个例子中的两种结构拥有同样数量的页面，只是结构不同。

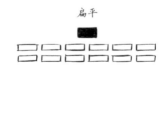

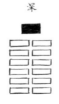

像沃尔玛这种拥有很多产品的网站通常需要较深的架构，否则菜单就会无比复杂。而像 YouTube 这种网站只需要处理用户和视频，因此通常更扁平一些。如果你的网站不仅深而且扁平，那就很糟糕了。你可能要简化自己的目标，或者设计一个很好用的搜索功能来作为核心功能。

常见的误解

你也许听说过这么一句话：应该始终保证所有页面都能在三次点击之内到达。说这话的人可能是在 20 世纪 90 年代学习的 UX，并且在那之后没有学习任何新东西。你一定要把焦点集中到用户身上，始终确保他们明白自己身在何处、该往何处。如果你的导航既简单又清楚，那么点击几下都没有关系。

用户故事

信息架构有时候不太容易解释。如果你能跟你的团队聊一聊它，并且能在脑中清晰地将其勾勒出来，那会有助于你向别人解释它。用户故事可以帮你做到这一点。

用户故事描述的是一位用户在你的网站或应用中可能采取的路径，这个路径应该是短小且完整的。你需要用许多用户故事来描述你的整个设计。

一个关于 Google.com 的基本用户故事应该是下面这样的。

(1) 用户来到主搜索页面。

(2) 用户键入任意搜索关键词并使用鼠标或键盘提交。

(3) 下一个页面展示了搜索结果列表，最相关的结果位于列表最上方。

(4) 用户可以点击其中一个链接前往对应的网站，或者可以多浏览几页搜索结果，直至发现有用的信息。

尽管这个用户故事有点过于简单，但你肯定理解它是什么了。

请注意，这个用户故事没有明确地告诉我们应该怎样解决或设计这些动作，只是告诉我们这些动作可能会发生。用户故事的目的在于描述流程，即一系列用户的选择，而不是最终的 UI。

如果这个流程既简单又有效，那说明你（目前为止）干得不错。

经理们总认为有了用户故事就能命令设计师设计某种 UX，这是完全错误的想法。为什么？因为用户故事本质上是一份特性或功能的列表，这份列表对最终的解决方案有着重要的影响。应该由 UX 设计师写出用户故事来与团队沟通，**而不是反过来**。否则就好像是在告诉陈丹青该用什么颜色一样！（我原本想在这里说米开朗基罗的，但承认吧，我的选择是对的。）

信息架构的类型

组织大量信息的方式有很多。根据内容的类型或项目的目标，不同的结构可能各有所长。

好了，既然你现在可以编写用户故事了，那么我们需要重新来谈谈你的 IA。页面结构决定了用户故事中的各个步骤，所以，为了组织页面，你必须选择一种 IA 类型（或选择多种类型，但目前为了保持简单，我们只选择一种）。

IA 类型包括：

- 类别
- 任务
- 搜索
- 时间
- 人物

让我为你一一道来。（DJ 走起！）

类别

当你想起 H&M 这种零售店时，可能会想到其商品清单中的一系列类别：男式、女式、儿童、降价款等，这些都是内容类型。当你选择了其中的某个类别，就会想要看到符合该类别的内容。

这是 IA 中最常见的一种类型。然而，如果类别十分复杂，比如银行产品、化工用品或情趣用品（我的一个朋友告诉我的），那么你和你的用户对于这些类别中的内容可能会有不同的预期，而这会让人感到困惑。如果你想要买一个情趣用品，应该到"电池供电"的类别中去找，还是应该到"夜间发光"的类别中去找呢？人生真是充满了难以回答的问题。

任务

组织网站或应用的另一种方式就是根据用户需要达成的目标来组织。如果你的公司是一家银行，那么也许"储蓄、贷款、投资、咨询、开户"这样的任务就能构成一个简单的菜单。如果用户知道自己想要什么，那这种方式就是你组织设计的绝佳方式。但要注意：用户有时候并不清楚自己究竟想要什么。

如果你仔细想想就会意识到，即使是同一家公司，基于任务的网站与基于类别的网站也会大不相同。因此，选择哪种架构方式很重要。

搜索

如果你的网站非常复杂或者充满了用户生成的内容，那么像 YouTube 这种基于搜索的架构也许更适合你。如果 YouTube 只提供类别（开心、悲伤、广告、电影等），那它就会变得很难用，而且要花费很大的精力才能保证这些分类是正确的。

时间

如果你刚开始做 UX，那么下面这一点可能会让你摸不着头脑：你可以设计一些随着时间而改变的 IA。最简单的一个例子就是你的收件箱，里面的信息是根据接收的先后顺序呈现的。这就是一个**基于时间**的 IA 设计。你可以在网站上运用这样一些页面：当前最热门内容、归档内容、稍后阅读内容、新内容，等等。Reddit 或 Facebook 的新闻订阅页面也是基于时间的设计案例。

人物

Facebook（或任何社交网络）是基于人物的 IA，所有的页面设计都围绕着某个人的信息以及人与人之间的关系。一旦你访问了某个人的用户资料页面，Facebook 就会使用类别（照片、朋友、位置）来组织不同类型的内容。

可能还有很多其他类型的 IA！

静态页面和动态页面

有些页面是一成不变的，有些页面则对每个用户来说都不同。这两种布局类型意味着两种设计思考方式。

什么是静态页面

静态页面（或屏幕）是数字布局中最基本的形式，在任何时间，对任何用户而言都是完全一样的，它是**写死**的。

你有可能在 13 岁时做了一个网站，随便用一堆动态图堆砌了一个混乱的布局，旁边是你偶像的照片和过于诚实但又挺有趣的自我介绍——介绍的是超级成熟的 13 岁的你。

或者，还可能是放着你的作品照片的网站。

但是，静态页面并不比动态页面差，它只是更简单而已。apple.com 上的很多产品页面都是静态的，因为它们只有一些图片和文字。为什么要把简单的事情搞复杂呢？

什么是动态页面

动态页面不是一成不变的，比如以下几个例子。

- 动态页面会对你的选择作出**反馈**。当你在付款页面上选择了更加昂贵的送货方式时，你没有离开这个页面，但是总价却改变了。
- 动态页面可能根据用户的不同而发生改变。每个人的 Facebook 主页都在同样的页面设计上呈现了不同的内容，因为这个页面是**动态的**。
- 动态页面可以充当许多内容的模板。《纽约时报》网站上的所有文章可能都共用一个页面作为模板，但是页面上所呈现的文章是你每次所选择的文章。

内容与容器

静态设计更偏向于**确切的**布局，因为静态设计所"做"的事情不多。你设计的内容就像是……老板一样……坐在那里！

而对于动态页面而言，你要设计的是一个**容器**而不是内容本身。你无法将它变成一个**确切的**东西。

为标题提供空间，为产品图片提供空间，为 15 000 个包罗万象的帖子提供空间——内容从婴孩到贾斯汀·比伯，再到拿铁拉花，再到孩子气的比伯，再到用比伯形象做的拿铁拉花，等等。

容器可能有不同的高度（文章长短不一）和不同的宽度（标题长短不一），有时候甚至空空如也！

创造万无一失的方案

如果标题很长会破坏你的布局，那你要么更改布局，要么不允许把标题弄得那么长。如果由于某人贴了一张非常小的图片而导致你的布局完全被毁，那你要么更改布局，要么禁止上传小图片。

通常情况下，最好是能更改布局。要敢于提出实用的限制条件，因为这样可以让用户做出更有效的选择。140 个字的限制并没有毁掉 Twitter，不是吗？只要不以"布局是这样，所以你就不能那样做"为由对用户作出不必要的限制就可以。用户不喜欢那样的设计师。

什么是流程

如果你确实想让用户从 A 到 B，那就必须设计好他们到达那里的方式。

把用户想象成某个物理空间中的一群人，比如纽约中央火车站里的一群人。这群人在车站中移动，有几种可以预见的走法。如果你是设计这个车站的建筑师，就要确保人群可以轻松地移动。

应用或网站也是同样的概念。成千上万的人需要在你的 IA 中畅通无阻地"游走"，他们越容易到达目的地，你的设计就越好，用户也就越开心。

不管他们是在付款页面，还是在你的作品展示网站中，又或者是在 Facebook 的注册流程中游走，这都是要重点考虑的问题。

就像大多数人会从前门上火车，或者从一节车厢走向另一节车厢，你的应用或网站也要考虑人们通常会走的路线。

不要计算点击数或页面数

中央火车站的建筑师不会计算人们要走多少步或者经过多少个门，因为那根本无关紧要。

重要的是能在恰当的时间为人们提供正确的信息，让他们知道要搭乘火车是该往左转还是往右转。一条长长的走廊就像有许多页面的流程一样，尽管长，用起来却很简单。如果走廊很短但是标志太多，也会让人困惑。这就像是一个菜单十分复杂的网站，即使只有一个选项也会让人摸不着头脑。

避免形成"死胡同"

如果你把一群人送上一条没有出口的走廊，那你就有麻烦了，尤其是当有人放屁的时候。

如果用户"穿过"许多页面来到了一个没有"下一步"的页面，他们会离开或迷路，也可能会愤怒。要确保总是有处可去，而且要确保用户知道怎样能够到达那里。

用户不走回头路

你一定经常设想用户又回到初始页面或使用返回按钮来寻找他们需要的东西，这种想法是完全错误的。

用户动机是很罕见的

多数人想象用户在使用他们的设计时，会阅读所有的文字、查看每一个菜单项并且直接浏览至网站的最底层页面来寻找他们需要的东西。

即使你绑架了用户并且用酷刑威胁他们去探索你的网站，他们可能也不会探索得那么彻底。如果用户没有找到他们想要的，那么每多点击一次，他们离开网站的概率也就大一分。

其中包括点击返回按钮。

用户只有在迷茫时才会往回走——这种情况很糟糕

你也许认为自己的网站像一棵枝繁叶茂的树，但是用户只会考虑他们当前能够看到的或者已经使用过的导航选项。

如果用户点击了返回按钮，这并不是说他们想"回到上一层"去重新做决定，而是意味着他们完全不知道接下来该做些什么。在用户心中，返回按钮就像是"放弃"或"否认"按钮。如果在用户测试中，你看到用户多次点击"返回"，这说明他们没有找到想要的东西。如果不是因为你正坐在旁边观察他们，他们很可能会离开这个网站。

如果你想让用户走回头路，那就打造一个循环

我说的"循环"指的是下面这种模式。

- 页面 A 链接至页面 B
- 页面 B 链接至页面 C
- 页面 C 链接至页面 A

用户可以一直点击，一直在你的网站里面打转。

比如说，你的作品展示网站就是这样一个循环。页面 A 展示了已完成的作品类别，页面 B 是某个类别下的项目列表，页面 C 是某个项目的详细信息。用户可以先选择一个类别，再选择其中一个项目，接着阅读该项目的详细信息，然后在不需要点击返回按钮的情况下又回到类别页面。他们可以查看你所有的作品而无需"走回头路"。

如果用户能一直选择**"向前"**，他们就不用停下来**决定**下一步的方向。做决定很困难，但重复同样的事情却很简单。

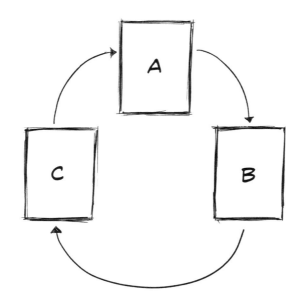

VII

设计行为

有目的地进行设计

作为 UX 设计师，你始终要有目标：自己的目标以及用户的
目标。与 UI 设计不同，你的 UX 技能水平取决于你达成这
些目标的程度。

- 你希望用户做的事。
- 用户自己想做的事。
- 两者不一定相同。

作为UX设计师

你的任务就是让这两件事变成同一件事。当用户完成他们的目标时，你也
应该达成了自己的目标。你并不是在随意设计艺术作品，你是有目的的。
商店的目的是卖东西，社交网络的目的是让更多人注册并进行社交互动，
色情网站的目的，嗯……你懂的。

视觉设计师（比如 UI 设计师）设计的是界面本身。界面显示很重要，
但是每个人对于外观的看法不同，尽管很多看法既含糊又无用，但它们
依然存在。

UX 设计师设计的是某个事物如何运作，例如用户行为。你无法看到用
户的行为，但是你可以衡量它。

UX 设计并不取决于人们的看法

刚开始做 UX 设计时，你会接触很多又大又新的概念，其中一个概念
是，你现在已经成为设计中的能动部分了。你可以预测并控制用户选择
什么、点击什么、喜欢什么和做些什么。

UX 是一门关于设计的科学，它的一切都与结果有关。但是，要想得到
好的结果，你需要提高用户的效率。因为用户更喜欢的那个设计并不一

定是"更好的"那个，这一点我们可以证明。有时候他们甚至更偏爱那个差劲的设计！（在第 24 堂课中讲过。）

对很多人来讲，这很难接受。

在接下来的五堂课中，你将会学到如何让人们与虚构的事物作斗争，如何实现你一摇铃他们就流着口水、满心期待，如何实现"病毒式"传播，如何创造令人上瘾的游戏，以及如何让你的设计和内容赢得信任。

奖励与惩罚

如果把心理学看作数学的话，那么本堂课就是我们从加减法转到乘除法的第一堂课。这堂课很简单，但却能让你学会如何随着时间的推移而设计人们的行为。

这是感受，而非实物

大多数人对奖惩的概念并不陌生：奖励 = 好事，惩罚 = 坏事。但很多人不明白的是，奖励和惩罚其实都是感受，而非实物。

由于你在学校表现良好，父母给了你一个玩具，而玩具使你产生开心的感受。同理，你的父母可能因为你和化学老师一起贩卖冰毒而没收了你的自行车，但惩罚你的其实是负面的感受，而不是自行车。我们所感兴趣的正是这些感受。

也就是说，奖励和惩罚都是情绪，而情绪的产生有成千上万种方式。

给自己反馈

情绪最棒的部分就是，当某件事情发生的时候，你的大脑会给它自己一个反馈（就像《盗梦空间》）。

既然设计师能够控制将要发生的事情，那就也能够控制这种反馈。你可以通过这种方式来训练用户：当他们做了你认为好的事情，就予以奖励；当他们做了你认为坏的事情，就予以惩罚。这是件有权力的事情，我们也是通过这种方式学习到现有知识的。

学习＝联想＝信念

在我们的心理学模型中，最后一个基本概念就是联想。随着时间的推移，我们会对事物产生正面或负面的感受，例如：你最喜爱的颜色、你的幸运数字，还有你感觉很有吸引力的某类人。

你会把这些事物与正面的感受"联想"在一起，因为你以前得到奖励时也会联想到正面的感受，即使这些"联想"实际上只是迷信（错误的信念）而已。惩罚也是以同样的方式与负面感受联想在一起的。这也是信念（包括宗教信仰）形成的原因。因此，如果你学习本课的目标是创建一个新的教派，那么你会喜欢接下来这几堂课的。

作为UX设计师

当用户第一次看到你的设计时，他们会自然而然地产生很多联想和信念，你要利用它们。但是，你也要通过自己的 UX、UI、品牌塑造和公关文案来营造特定的联想。注意用户什么时候感觉良好，什么时候感觉糟糕。久而久之，那些奖励和惩罚就会创造出持久的联想和行为，而这些联想和行为可能会使人们的参与积极性再创新高，也有可能毁掉整个公司。

如果你以前还不知道人们为什么整日泡在 Facebook 上，但几乎没人去用 Google+，那你现在知道了。

条件反射和上瘾

作为 UX 设计师，你的任务是创造体验，而不仅是观察已有的体验。因此，我们不仅要对用户的自然行为进行奖惩，还要用一些科学的方法训练他们去做新的事，并且能让他们一直做下去。

"第一口免费"

每个毒贩都知道，没人会对他们从未尝试的东西上瘾。因此，你的任务就是让用户在第一次访问时，在一分钟以内产生正面的情绪。这一点非常重要，在未能达到这种效果之前，你不应该发布任何东西。

重点

"惩罚"并不一定是痛苦的。可以把它看成一种代价，比如说付出的精力或者金钱。人们会为了得到奖励而付出一点努力或者支付一点费用，只要他们觉得值。**但是，第一次得到的奖励应该是免费的。没有例外。**

条件反射的类型

经典型

选择一个信号与某个已有行为进行关联。例如：当铃声响起，食物就会出现。而食物会让小狗流口水。当铃声与食物形成密切相关的联系时，铃声就会让小狗期待食物并且流口水。因此，铃声会导致小狗流口水。如果你的目的就是让小狗流口水（那可能会是个奇怪的应用），那你可以在任何时间触发这一条件反射。

奖励或惩罚随机的动作。比如说你发现了一个新网站并写了篇评论，十个人为你点赞。你又写了篇评论，又有五个人点了赞。哇塞！于是你就上钩了。你写了第三篇评论，这时候有人跳出来说你是个傻子。嗯……我猜你不会再写类似于第三篇那种评论了。接下来的评论会更像前两篇。六个人点了赞！现在，你已经被训练了。

奖励和惩罚的类型

要奖励某人，可以给他一个好东西或者为他带走一个坏东西。

如果你做了件好事，我可以请你吃饭，或者不再让狗在你的鞋子里大便了。无论哪种方式，你的体验都变得更好了。

两种方式都行得通。

然而，如果你做了 100 件我喜欢的事，我可以请你吃 100 次饭，或者让你拥有一双没有大便的鞋子。

作为UX设计师

要注重给予，这样久而久之会产生一种进步的感觉。另外，用户会对你更加忠诚而不是产生厌恶。

塑造行为

大而复杂的行为都是由很小的行为慢慢发展而来的。想让鸽子学保龄球？没问题。当它走近保龄球的时候就给它奖励，当它离开的时候就给它惩罚。然后，再进一步提高要求：必须要接触到球才能得到奖励，接着把球推出去才能得到奖励，以此类推。

最终，能将这只鸽子训练得会跟队员击掌并一起喝啤酒。（这是心理学家做的真实实验，没有任何鸽子受到伤害，说实话我还真挺妒忌它们的保龄球成绩呢！）

时机很重要

你的设计多长时间奖励用户一次？

定期奖励

如果用户每次都能得到奖励或"每 X 次"就能得到一次奖励，他们就会感觉这是他们应得的，就像月薪一样。你很难把这种奖励取消，不过用户也很难离开它。时间久了，这会变得越来越无趣，只会产生量变而不会发生质变。如果你的设计离了某样东西就无法运行（就像经济离了钱就无法运转），那就要确保奖励机制的有效性。

随机奖励

老虎机会经常给你一些足以让你上钩的奖励，但是这些奖励是无法预测的。这种游戏最能让人上瘾，因为人们总想着"下次可能赢得更多"。

作为UX设计师

基于内容的质量而产生的随机奖励能够提升内容的整体水平，比如博客或社交媒体的评论数量。但如果用户无法控制这种奖励（比如老虎机这种游戏），那它也同样有效，只不过用户会因此变得很功利。

让人上瘾

到目前为止，你可能会觉得奖励和惩罚只能选其一。但是，如果做某个动作可以得到奖励，不做那个动作就会受到惩罚，会发生什么情况？

可能是因为第一次吸毒的感觉很好，所以你开始尝试毒品。但过段时间后，不吸毒的感觉糟糕透顶。于是，你就停不下来了。

这就是上瘾了。再来举个《开心农场》的例子：在这个游戏里，开始很容易，如果坚持玩下去，你的农场规模会变得很大而且很成功。然而，如果停止游戏，你的庄稼就会死去，之前的成就也会毁于一旦——除非你邀请朋友来玩……或者付费。

游戏机制

游戏与非游戏的区别不在于徽章和点数，而在于心理。游戏设计是非常细致入微的，但我们要先学习一些基础知识。

近几年来，UX 最时髦的理念之一就是将"游戏机制"引入非游戏的事物。游戏有一个优点：它具备很好的奖惩机制，能引领用户达成一系列目标。如果你也想做到这一点，那你来对地方了。

你将会学到游戏设计的两个重要元素。

- 反馈循环
- 渐进式挑战

什么是反馈循环

一个反馈循环包含三个要素：动机、行动和反馈（情绪）。

用户的动机可能是已存在的，也可能是你给他们设计的，比如打败《马里奥卡丁车》里的库巴——那个自命不凡的混蛋。

一旦用户有了动机，他们就要采取行动了。这时候你可以吹响比赛的哨声，或者让他们去解决一些问题，或者给他们一个地方来输入评论，或者让他们采取其他行动。然后，要给他们一个反馈：评价、分数、点赞数、实时比赛名次，或者其他能让用户知道自己表现如何的信息。

形成闭环

用反馈来激励用户再次采取行动，所以叫"反馈循环"。也许他们想努力超越以往成绩，也许他们这次赢得不够漂亮，也许是因为其他人对他们的表现赞赏有加，这些都会使他们再次采取行动。

渐进式挑战

游戏刚开始时要很简单，这样才能让新用户一头扎进游戏当中。但是，一旦人们理解了这个游戏的玩法，那就不只是想完成它而已，而是想要玩儿得更好。要想创造渐进的效果，只需要让用户以更复杂、更出色、更困难的方式完成他们已知的事情。

《超级马里奥》里面的关卡、Foursquare 网站上的徽章、《战地》里面的战役、《愤怒的小鸟》里面的星星，这些都是"渐进式"理念。所谓"渐进式"，就是比之前的目标更难的目标。

这些公司经常会让你通过充值来升级，因为你已经上瘾了。游戏 /UX 设计师是这么做的，你也应该这么做。

"游戏机制"是指动机和情绪

反馈循环会通过游戏里的一些标志或象征，将潜意识的或隐藏的动机变成外在的或明显的动机。奖励和惩罚都是感受，而不是实物。怎样触发这些情绪才是关键。

徽章和点数是一种形式，粉丝数和转发数也是一种。好友数和点赞数、职称和薪酬，以及街道地址和车的型号——这些都是渐进的标志。

渐进式设计利用了你想要提升状态 / 地位的动机，让你不断地"升级"。这种动机促使你想要赢、想要进步，或者打败库巴——那个傲慢的杂种。

社交 / 病毒式结构

互联网以"病毒式传播"著称，但如果你设计的网站无法创造病毒性口碑，那它就无法被"病毒式传播"。本堂课我们将学习如何将情感内容转化为流行病毒。

病毒式传播不止是分享，更是一种功能。

如果你正在设计一个社交网络或具有社交功能的应用，又或者你的网站是基于用户提交的内容建立的，再或者你的梦想是成为下一个红遍全球的不爽猫，那么这堂课正适合你。

基本公式

用户 A 的行为 = 给用户 B 的反馈 = 呈现给用户 C 的内容

比如以下几个例子。

- 你在 Facebook 上分享了一个朋友的照片。这是你的行为，而这个行为给了你的朋友一个反馈。当你分享它之后，其他朋友会在他们的订阅里看到这张照片，并且照片上还会注明这是你分享的。
- 你在 Twitter 上转发了一条消息。最初发布这条推文的人得到了反馈。你的粉丝则在他们的订阅中看到了你转发的这条消息。
- 你在 Pinterest 上钉了一张图片。最初发布这张图片的人得到了反馈。你的关注者在他们的订阅中看到了你钉的这张图片。

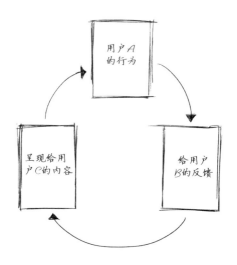

诸如此类。

然后，更多人会看到它，做出行为，给出反馈，创造更多的内容……

哈！这比一群得了流感的小孩传播病毒的速度还快呢。

然而，Facebook 不会像显示分享数那样显示点赞数；Twitter 不会像显示转发数那些显示收藏数；Pinterest 也不会像显示图片被钉数那样显示"喜欢"数。

一些不创造病毒式循环的行为也可以发生，但这些行为并不是设计中的视觉重点——只能排到第二或者第三位。

Facebook 的分享链接实在是太不起眼儿了，而且还位于列表底部；Twitter 的回复和转发按钮位于列表顶部，但还是不够显眼；Pinterest 的大红色图钉按钮十分显眼，且位于图片左侧。

Facebook 的病毒式传播效果不怎么样；Twitter 好一些（在短时间内）；Pinterest 则更好（对于图片传播而言）。意外吗？

为什么病毒式结构会有如此成效

如果病毒式结构运用正确的话，它能实现以下几件事情。

二合一的行为

用户最初的行为目的永远都是为了自己。病毒式传播能够自动将情绪化的行为转化为更多的内容。

让好内容传得更广

病毒式传播会将你的设计变成一台传播"优质内容"的机器。人们针对某一条内容所做的行为越多，它得到的关注就越多。而那些没人喜欢的内容则会在人们的视线中消失。

社交证据

它会向人们展示某个相关人士喜欢过的内容——希望喜欢过这条内容的相关人士有很多。然后，一段社交关系就开始了。

自我推销

既然每个人都能看到别人分享的东西，那这种病毒式结构就能刺激人们分享更多的东西，从而让自己能被更多的人看到（提升状态／地位）。

网络浸透

当你所认识的每一个人都相信某件事情，那你很可能也会相信它。

如何创造信任

UX 设计很容易让人沉浸在各种结构和技巧当中，从而忘记一个现实：用户是真实的人，他们能看出来你在胡说八道。因此，解释来龙去脉很重要，诚信也很重要。

信任至关重要

创造信任的方式有很多，但是当用户不信任你的设计时，你自己往往是意识不到的。

牢记以下 7 条简单的概念。

(1) 专业性

这似乎很容易就能看出来，但你要让你的公司看起来正规一些（而不是像个皮包公司）。要体现专业性，需要将视觉设计和非视觉设计相结合。正规的公司会将你的数据保存至下一年，并且会把你付过款的东西邮寄给你。有些公司会将关注点放在销售团队和广告营销上，但同时，他们的网站可能五年没更新了，而且网站一开始就做得不好。那样就会损害用户的信任。

(2) 没有绝对正面和绝对负面

即使是一流产品的用户评论，也是既有正面的也有负面的。事实表明，当应用或图书的评分不全是五星时是比较可信的，有几个三星或四星的评论实际上会增加销量。当某个事物看上去"太过完美"时，人们就会起疑心。

(3) 民主化

用户群体能够起到质量过滤的作用。有些公司会使用人工智能来识别好内容并屏蔽虚假内容，但其实他们可以利用真人智能。如果你建立了一些投票和评级工具，而且这些工具很难被滥用（限制投票的数量、要求有某些经验的人才能投票等），那你实际上就已经能够鉴别出用户最信任什么。

(4) 可靠性

可以通过展示信息和隐藏信息来建立信任。实名制能够减少充满恶意和攻击性的评论，而且能让公司显得更有人情味。而匿名制能让人们在分享私密或尴尬的信息时更加舒适。如果将这两种方式进行对换，那结果也会完全相反。让人们清楚地知道，你明白这些信息会带来的后果，这有助于创建信任。

(5) 从容地处理负面反馈

很多人在当众收到负面反馈时会不知所措，实际上不应该这样。当一个公司当众收到了负面反馈，然后从容地进行了处理，那将会比收到正面反馈得到的信任更多。因此，遇到负面反馈时，停下来好好想一想，着力解决用户的问题，而不是努力维护自己的虚荣心。

(6) 让用户知情

这一点很简单，但很容易被忽略。想一想用户在购买或注册时都想知道哪些问题：会不会有物流费？你会不会泄露我的邮件地址？我会收到垃圾邮件吗？你会不会直接从我的信用卡里收费？要在一开始就告诉用户实情，而不是让他们一直担心这些事情，即使有时答案并不是他们想要的。

(7) 用词简洁

如果有人说："复杂的语言更有说服力。"那他纯属胡说八道。要像正常人那样讲话。你说得越复杂，能听懂的人就越少。没人会相信他们听不懂的事情。

经验如何改变体验

新用户和老用户会用不同的方式使用你的设计。

深度用户占少数

从统计层面上讲，要让大多数使用你的设计的人成为高级用户或超级用户是不可能的，尽管你总会这样幻想。

除非你的产品 / 服务有很强的技术性，否则大多数用户都是有其他事情要做的普通人，而不是像你或你的同事那样一心扑在这个产品上并且精通技术的人。

残酷的事实

如果你想讨数以百万的用户的欢心，那就要为心不在焉的傻子做设计，而不是为专注的天才。

隐藏与显示：选择的悖论

大多数项目都要考虑布局的"简洁"程度。设计师通常会把东西都隐藏起来，因为这样视觉效果更好。非设计师则想要始终显示自己喜欢的功能，而这意味着要为不同的人显示不同的功能。

那么，你会怎么选？

显示功能比隐藏功能的使用率要高，也更易于发现。每当我们看到这些功能，就会想起它们的存在。然而，"选择的悖论"告诉我们，看到的选择越多，就越不会选择其中任何一个。因此，如果你给普通用户的选择太多，他们会被吓得拔腿就跑。

要确保新手能够很容易地找到核心功能，最好无需做任何操作。同时，要努力让超级用户能够很轻易地访问高级功能，即使这些功能并不是始终可见的。

识别与记忆

你能够立即说出多少页眉上显示的图标名称？如果我给你一张列表，你能认得多少？大多数人在看列表时能认出更多的图标。

当你设计界面的时候，要记得用户一定有所求（比如搜索），而他们只会去用那些他们记得住的功能。久而久之，他们用到的功能会越来越少，而不是越来越多。

如果用户要处理大量信息，那就给他们提供一些分类建议或者其他类型的帮助，提醒他们应该点哪里。

学起来很慢，习惯起来很快

我们用"用户引导"一词来描述对一个新界面循序渐进的训练或非常简单的介绍。它能够帮助用户很容易地找到主要功能，避免用户感到困惑。不过，如果用户使用一个界面超过两年，会发生什么情况？

用户形成习惯是很快的，因此你应该设计一种针对核心功能的"快捷方式"，这种方式可能并不是很显眼。超级用户为了达到更高的效率，会花费时间学习这些快捷方式。快捷键、右键选项以及类似于 Twitter 上的"@"这种小技巧都是快捷方式的具体形式。

VIII

视觉设计原则

视觉重量（对比与大小）

本堂课介绍的是五条视觉原则中的第一条，这条原则将会帮助你引导用户的注意力。设计中的有些部分比较重要，因此，我们需要帮助用户注意到那些重要的东西。

视觉重量的概念是比较直观的。在页面布局中，有些东西看上去比其他的"更重"，而这些东西更容易吸引你的注意力。这个概念对于 UX 设计师而言很有价值。你的工作就是要帮助用户注意到那些重要的东西，但是不要转移用户在他们自己的目标上的注意力。

通过增加设计中某些部分的视觉"重量"，不仅能增加用户看到它们的机会，还能改变用户的视线方向。记住：视觉重量是相对的。所有的视觉原则都是将一个设计元素与它周边的元素进行对比而得到的。

因此，话不多说，我要请出"UX 速成课"的明星：小橡皮鸭！（此处应有掌声）

对比

明暗事物之间的差异被称为**对比度**。差异越大，对比度就越"高"。

一些比较重要的事物，其对比度可能也更高，比如位于中间的小鸭子。在这个例子中，大多数图像是明亮的，因此暗色的鸭子更容易被注意到。如果大多数图像是暗色的，那么明亮一些的鸭子则更容易被关注。

如果这些小鸭子是按钮的话，那么这种情况下点击这个暗色按钮的人要比全是黑色按钮的情况下点击它的人要多。

景深和大小

在现实生活中，我们会注意离我们近的事物，忽略离我们远的事物。

中间的小鸭子最引人注目。对比度会影响视觉重量。

在数字世界中，人们会感觉大一些的事物离他们更近，就像第二幅插图中位于中间的小鸭子；小一些的事物离他们更远，就像位于后面的那只模糊的小鸭子。如果这些鸭子的大小相同，那么你可能会按照从左向右的顺序来看它们（假设你的阅读方向是从左向右的）。如果使用了模糊或者阴影的效果，或者改变了事物的大小，景深的感觉都会更加真实，即使你的设计看上去是"扁平的"。

首要的东西通常要比次要的东西更大。这就在页面上创造了视觉"层次"，使页面更易浏览，同时为用户选择了首要关注点。这也是不能把商标做得太大的原因，除非你希望用户只盯着商标而不买东西。

位于最前方的、中间的小鸭子最引人注目。景深和尺寸会改变视觉重量。

颜色

现实生活中充满了阳光、人造光、热量、寒冷、衣服、品牌、时尚等数以百万的因素影响着我们感知颜色的方式。作为 UX 设计师，我们也许并不在意什么色卡和品牌准则，但我们确实有必要学习有关颜色的知识。

哪只小鸭子看上去更"冷"？哪只更像是"警告"？颜色是有含义的。

哪只小鸭子看上去离我们更近？颜色能够使图像看上去更靠前或更靠后。

从这些橡皮鸭子身上，我们能学到不少关于颜色的知识。作为 UX 设计师，我们的框线图通常都是黑白的，这样挺好。因为我们关注的是功能，UI 设计师关注的才是外观、感受和风格。但是，有时候颜色也有功能，比如红绿灯，或者冰棒的不同颜色代表着不同口味。这些都很重要。

含义

本堂课的第一幅图展示了三只不同颜色的小鸭子[1]。乍一看感觉它们真

---

[1] 书中无法印出多种颜色，请读者登录图灵社区该书页面查看彩色效果图：ituring.com.cn/book/1794。——编者注

可爱，然后就会发现这些鸭子有着不同的色调，而且不同的颜色很容易让我们联想到不同的"含义"。

如果这些鸭子是按钮的话，它们可能代表"确认""取消"和"删除"；如果它们是燃料箱指标的话，可能代表"已满""半满"和"已空"；如果将它们画在电炉上，则可能代表"冷""暖"和"热"。

你已经明白我的意思了：鸭子是一样的鸭子，但是颜色改变了它们的含义。如果你不需要借助颜色来表达含义，那就让 UI 设计师来配色。但如果你需要，那就要在线框图中有所体现。

专业提示

不要与其他设计师争论具体的颜色**深浅**。在 UX 中，浅红和大红都是红。知道这一点就够了。

前进色或后退色

要记住：颜色也有"热闹"和"安静"之分。红色的鸭子看起来好像更近一些，不是吗？但这其实是一种错觉。像"购买"按钮这类元素应该用一种很跳的颜色，因为这种代表着"前进"的颜色（涌现到眼前的颜色）会获得更多的点击量。

有时我们希望事物可以退到人们正好看得见的地方，但又不会太分散他们的注意力，就像蓝色的小鸭子一样。他们看起来就像"后退"了（向页面后方退去）。这很适合像菜单这种始终显示在屏幕上的元素。如果它总是很显眼，就像在喊你去点它一样，那这么做不仅不必要，而且还会将人们的注意力从更重要的事物上抢走。

让线框图保持简单

彩色的线框图会妨碍功能性的细节。只在重要的地方使用颜色，不要把线框图做成设计蓝图那么蓝，也不要把它打扮得像个小丑。否则会产生一堆关于颜色的混乱讨论："不，网站不应该是蓝色的……"

综合运用视觉原则

颜色可以与上一堂课所讲的视觉重量很好地结合在一起。大的东西是很引人注目，但又大又红的东西会更加吸引注意力！可以把错误和警告标签设置成高对比度的红色。或者，如果你只是想确认用户做了些什么，那么一个较小的绿色后退元素是个不错的选择。

重复与模式突破

有一条视觉设计原则很重要：要创建各种模式，将用户的视
线转移到重要的事物上。然而，模式就是用来突破的。

这些小鸭子构成了一种模式。重复能够改变感知。

谁能想到我们从橡皮鸭子身上能学到这么多！

人类的大脑对模式和序列的感知有着特殊的天赋，一些反复出现的事物
会很快引起我们的注意。事实上，我们不仅注意到了，而且会以不同的
方式去看待那些事物。

上面这幅图展示了五只一模一样且排成一排的橡皮鸭子。但我们看到的
并不是五只单独的鸭子，而是一排鸭子。我们将其视为一组或一个序
列，而且是从左向右来看它们的（因为这是我们的阅读习惯）。如果这
一列小鸭子是一个菜单或列表，那我们的做法也是一样的。因此，你可
以预计多数人会点击位于左侧的选项，少数人会点击位于右侧的选项。

突破模式

下页的图展示了五只同样的橡皮鸭子，但这一次，有一只小鸭子单独游
到了一边。我们把它称为碧昂斯吧。

然后，一切都变了。现在我们看到四只（嫉妒的）鸭子排成一排，而碧
昂丝一枝独秀。它就是这么引人注目！很难不把注意力放在碧昂斯身
上，尽管这五只小鸭子都一样可爱。

如果这是一个菜单，那么中间这个选项会得到更多的点击，因为我们的视线被它锁定了。而且，有些点击原本会落在左侧的选项，这样一来，左侧的选项就没那么受欢迎了（但仍然比右侧的选项更受欢迎）。

知道这一点非常有用。

这看上去也许既简单又明显，但当你将这一原则运用到设计或者舞蹈套路中，就能让人们注意到重要的按钮、选项或明星。

请注意： 模式突破也会将用户的视线从重要的事物上吸引到别处。在能够突破模式之前，要先制造一个模式才行。

一旦模式被突破了，就会引起我们的注意。

综合运用视觉原则

要形成一种模式或一个序列，就要让视觉重量和颜色保持一致。用户的眼睛会从一端开始看起，然后跟随模式来到另一端。要打破这一模式，只需将你想要强调的位置调整一下，或者让"现在注册"的按钮呈现一种意料之外的颜色、大小、形状或风格，然后点击量就会一夜暴增！

线张力和角张力

我们在上一堂课中学到，重复能制造模式。然而，某种类型的重复还能让人们感知到形状，这种形状会影响用户的视线方向。

你看到的是一排鸭子中有一个空位，而不是8只单独的鸭子。这是为什么？

视觉"张力"的概念看似很基本，但你绝对想象不到它有多有用。大脑很擅长脑补根本不存在的模式。作为设计师，你可以利用这一点。

线张力

上面这幅图展示了排成一排的 8 只小鸭子。但我们看到的不是 8 只单独的小鸭子，而是一条线。这就是线张力—— 对根本不存在的一条线或一条"路径"的感知。我们的视线会跟随这条路径的走向，这一点超级有用。

如果我们打破这条路径，那空缺的部分就会得到更多的关注。

角张力

目前为止，我们只假设了一条线。如果使用多条线来创造线张力，又会发生什么呢？

那就是形成"形状"。

下页的图中，我们将小鸭子这样排列，让它们看上去就像一个盒子的四个角。你可能看到了 12 只单独的小鸭子，或者每 3 只为一组的 4 组小鸭子，但其实你的大脑想要看到一个盒子，而且它成功了。此外，我们还可以把事物（比如更多的小鸭子）放到这个"盒子"里，或者放到四个角的中间。与线张力类似，角张力也会将人们的注意力引向空缺处。

从布局的角度来讲，这种方式能为一些小东西（比如标签）吸引更多的注意力。你也可以创造视觉路径，将人们的视线引到你想让他们点击的按钮上。复古风的广告经常使用这一技巧来让人们聚焦于一个很小的商标。而且这种技巧能够让布局更简单、更有凝聚力，因为一条路径或一个盒子在人们脑中只是一件事物，而12只单独的小鸭子太多了，难以应付。

你看到的是12只鸭子还是由鸭子组成的一个盒子呢？这就是角张力。

综合运用视觉原则

在本堂课中，我保留了"张力"的空缺部分，但你不必这样做。你可以利用颜色来创造路径，比如在一个列表上使用渐变色。或者可以将一组元素视为一个整体的形状，然后为这组元素添加视觉重量。这样不仅无需在布局中添加任何东西，还能很好地引导用户的视线。

排列方式与接近性

最后一条视觉原则会教你如何在不添加任何元素的情况下，为设计中的元素赋予秩序和含义。这听起来可能很微妙，但是却影响着你所看到的一切。

排列方式

下面这幅图中，你能看到 6 只非常可爱的小鸭子以及它们之间的诸多联系，这是因为它们的排列方式。

- 有两排小鸭子。
- 最左侧和最右侧的两只鸭子好像是孤单的。
- 中间的两只鸭子好像是最有组织的。
- 所有的鸭子好像都游向同一方向。
- 如果你看到它们在移动，那么最左侧的那只小鸭子可能落后了。
- 如果你看到它们在移动，那么最右侧的那只小鸭子可能是领头的。

这六只小鸭子是一模一样的，只不过它们的排列方式让你产生这些感知。那些功能类似的按钮也可以进行排列。

排列有序的鸭子看上去更加有关联。

可以将不同级别的内容进行排列。可以将信息放在像电子表格一样的网格中，从而产生复杂的含义。

接近性

两个事物之间的距离相近或疏远会使人们感觉这两个事物相关或无关。这样的距离被称为"接近性"。

下面的图也有 6 只同样的小鸭子，它们既没有横向排列也没有纵向排列，但你无疑看到了两组小鸭子。每组小鸭子看上去就像是一个关联紧密的团队或家庭。接近性可以创造出这样的感知效果。

让相关的元素离得近一些，无关的元素离得远一些。例如，与同一个行为（例如购买或下载应用）相关的标题、文本区域和按钮通常是设计在一起的，这样用户无需阅读任何东西就知道它们是相关的。

这些鸭子之间的距离越近，它们的关联看上去就越紧密。

为 UX 使用动态效果

在数字设计中，为 UX 添加动画或动态效果已经变得越来越普遍。但这些都是样式方面的细节问题，你要关注的可不仅是样式。要将动态效果视为一种工具。

如果动态效果需要等待，那就太糟了

在开始设计奇妙的屏幕切换效果、平滑的动态按钮和视差重力滚动效果之前，先想一想用户。如果用户正在努力寻找导航，或者他们知道接下来会出现些什么，又或者用户每次使用你的网站或应用时都要看几百次动画，那么这些效果可能弊大于利。

动画需要缓冲时间，而这段时间的等待会让用户很快丧失兴趣。但比等待更糟糕的是，这些动画有时会让内容更加难以理解，或者会分散用户的注意力，让他们不再阅读或点击你预设的内容或按钮。

动态效果最能吸引注意力

如果你曾经被抖动的广告或者跳动的按钮扰得心神不宁，那你就会明白动态效果有多能吸引注意力了。如果按照优先级将大脑所关注的事物列成一张表，那动态效果将会位列榜首。一点点动态效果就能引起很大的关注。如果你设计了抖动的广告或者跳动的按钮（顺便说一句，这些东西真的很烦人），那我一定要抓到你然后……嗯……反正你不会有什么好果子吃。

直线有指向

不同类型的动态效果会对眼睛造成不同的影响。如果某事物沿直线运动，那么大脑就会预计它的移动方向，然后看向"这条直线的终点"。

如果你要使用动态效果来强调重要的功能或者告诉用户该往哪里走，那么直线是个不错的选择。

直线

曲线使人遵循线条路径

然而，如果你想引导用户看遍整个屏幕（比如你第一次向用户解释你的应用时），曲线运动能够让他们的眼睛随着运动路径而移动，然后随着动画的结束而停止。

曲线

IX

线框图和原型

什么是线框图

虽然线框图不是核心内容，但也十分重要。如果我们是"建筑设计师"，那么线框图就是建筑蓝图。但是，由于线框图看似简单，许多人就以为它们真的只是简单的文档。

线框图是技术性文档。它包含线条、方框、标签，可能还有一两种颜色。

线框图经常被比作蓝图，因为它们的目的相似。蓝图告诉建筑工人怎样执行建筑设计师的计划，而不是选择哪张墙纸或家具。蓝图得到了很高的重视，它不仅仅是建议、"草图"或者"速成的图样"。你在白板上或者头脑风暴的会议上画出的所有草图都很有价值，但那些并不是线框图，而只是你今后绘制线框图的一些想法。

线框图的绘制也许用不了一个小时，但却要花费数周甚至数月的时间去规划。有一点非常重要，就是要让同事和客户理解你的线框图。如果另一位开发人员或设计师还不会使用你的线框图，那它就不是一份线框图，而只是一份草图，你还得继续努力。

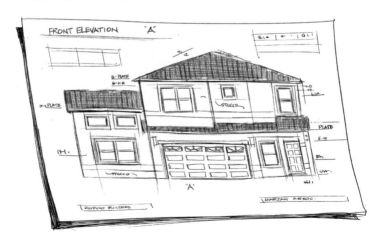

什么不是线框图

当大多数人想到 UX 时，都会想起那些我们称之为线框图的、由线条和方框组成的图表。还有很多人认为做线框图就是在做 UX。

线框图**是**一份规划文件，是一份给"建筑者"使用的技术指导文件。线框图能给我们带来许多启发，比如："噢，我忘了加主菜单了！"就像建筑设计师突然想起来："噢，我忘了设计正门了！"

仍有许多人对线框图存在误解并以错误的方式使用它们。下面列举了几条对线框图的误解。看看你自己是否也犯了这五大**不可饶恕的**线框图之罪。

(1) 线框图不是一份基础的草图。

我们经常把线框图当作速成且粗略的草图，或者把它当成设计的第一步。"现在就画一份线框图出来！"——它们可不是这么被画出来的。线框图专门排除了设计的成分，它要展示的是网站/应用应当如何运作，而不是应当长成什么样。在项目刚启动时，你（和我）在餐巾纸上的涂鸦确实能够理清我们的思路，但那些并不是线框图。

使用文字或图片来解释早期的概念/想法，而不要用线框图。如果要展示流程，请使用图标、手绘草稿、网站地图、幻灯片或用户故事，而不要用线框图。因为那些方法更好、更易于制作并且更容易让客户理解。

(2) 好的线框图需要花费时间来绘制。

线框图看上去很简单，但在这些空白的矩形背后却隐藏着许多思考。页面中的每一个细小部分都必须经过仔细的规划与放置，每一个链接都需要有一个目标位置，每一个页面都需要有一个能跳到该页面的链接（在另一个页面上），每一个按钮都需要在用户需要它的地方出现，在不需要它的地方消失。线框图的九成在于思考，一成在于绘画。确保每个人都充分认识到那九成思考的必要性！

(3) 线框图不是分阶段展示的。

人类所做的每件事都经历过"草稿"阶段，在这个阶段，我们不断完善自己的想法。但线框图只有已完成和未完成两种状态。如果是未完成状态，那说明有些问题还没有解决，有些地方还没有组织好，有些功能还没有实现、还很难用，或者有遗漏的东西。如果你无法按照这个线框图来进行实施，那说明它还未绘制完成。不要害怕，直接告诉客户或者经理！如果基于线框图的半成品来做决策，那么你将面对一场噩梦。我是过来人。

(4) 线框图应该受到重视。

我曾经见到有人把一张（在纸上）印好的线框图从网站的一个版块移到了另一个版块，因为那样"感觉"更好。我见过一个 70 页的社交网站线框图，但是里面没有用户页面。（这还是世界一流的广告公司设计的！）我见过无法在任何地方生成的"用户生成"内容。我见过客户把"现在注册"的按钮直接划掉，只是因为它在线框图中显得很难看。我见过国际机构设计并发布了一个没有主菜单的网站。（你以为我在开玩笑对不对？）

这些问题有大有小，但是都后患无穷，甚至可能毁掉整个产品或服务。

为规划线框图留下充裕的时间，尤其是当你面对大项目的时候。为每个页面中的每个元素都打上标签或添加描述，让开发人员清楚每个按钮的用途。

(5) 线框图不是展览品。

每当我看到线框图被涂成蓝色并用很时髦的形式展示出来，我都想昏倒。我一眼就能看出绘制这些线框图的人对他们所做的事情毫无敬意：他们并没有用颜色来表示含义（比如用红色表示警告），而是试图通过把东西弄得漂亮点而让客户／老板感觉那东西很重要。线框图本该是一份技术性文档，他们却把重点放在了"外观和感受"上。把线框图画成一张蓝图就相当于用 Comic Sans 字体去撰写一份合同！

要学习技术而不是工具

UX 中最常见的问题之一就是："最好的线框图工具是什么？"当你擅长画线框图之后，就会意识到这个问题的答案是：最简单的那个。

当我说我用 Adobe Illustrator、Sketch 和苹果的 Keynote 画线框图时（除非项目非常复杂），很多设计师都惊讶不已。

我用过 Omnigraffle、Mockflow、Balsamiq 还有很多其他软件，它们有的是专业的线框图工具，有的不是。坦白来说，大多数时候我都感觉这些工具太过复杂。

根据不同情况选择不同工具

如果你要建立一个内容很多、很复杂的网站，比如为一家拥有上万员工的企业做一个巨型的跨国内网，那你也许需要一款强大的工具。

但大多数项目都用不着那么强大的工具。我曾经用一款网页版的绘图工具设计了整个响应式的社交网站，用 Keynote 设计了一款开发费用是六位数的 iPad 应用，甚至只用 Illustrator 就为一个著名的电视台设计了网站。

所有客户都很满意。

我的建议：寻找并使用能够驾驭该项目的最简工具，并且生成的文件要能在团队中进行轻松又廉价的共享。

这是线框图，又不是《蒙娜丽莎》。

要设计出最佳解决方案，而不是这个工具能设计出的方案

不论你做何种类型的设计，都应当确保自己的设计是基于解决方案的，

而不是基于你所使用的软件功能。

永远把需求放在首位，然后利用线框图将其转化为技术文档。如果你从一个空白的线框图工具开始着手，那你一开始就输了。

纸和笔通常是最好的线框图工具。

我对所有 UX 新手的第一个建议就是：使用纸和笔来画线框图。除非某款数字产品要求很高的细节和技术精准度。

把自己的想法快速画成一张草图，并且尝试画 10 个不同的版本，理清思路，做出决定，然后马上用电脑将其做成一份正式的文档。

避免省事儿的案例

设计中最常见的错误之一就是忘记那些不常见的用户行为。如果你的线框图只描绘了最理想的情况，那它在现实生活中可能就行不通。

如果你的设计适用于 90% 的用户，那它就行不通。

以我的经验而言，UX 的重点在于你想让用户如何使用你的东西，而不是他们**能够**如何使用它。后一种想法是很危险的。

如果你曾经说过这种话："大多数大标题都能在一行内显示。""用户怎么也不可能有一千多个朋友。""我们的大多数用户可能会用自己的自拍做头像。"那你很可能会失败。

标题能有多短

如果某人用一个句号作为标题呢？或者干脆不写标题？如果某人写的描述只有一个字呢？又或者整篇博客就只有一个字呢？

我们会很容易认为人们只做正常的事，但人是既古怪又有创造力的。他们可能在写关于标点符号的文章，也可能在写"每日一词"这种博客，还有可能他们并不需要你提供的某个功能。在 Pinterest 上，人们通常不好好写描述，只是打个句号了事。如果用户需要通过点击他们输入的文字来跳转页面，那现在他们就得努力点击这个句号了。

标题能有多长

这是在设计时经常犯的一个错误：忘记有的标题真的很长。

1999 年，歌手兼歌曲作家 Fiona Apple 的第二张专辑的名称是整整一首诗。有一家注册公司的名字有 40 个单词那么长。还有人把博客的内容全部写在标题中，而"正文"部分永远是空白。

如果你设计的是音乐网站、商标列表或博客模板，上述这些用户行为还能适用吗？还是说你的设计就行不通了？

如果文章不存在呢

你无法想象有多少人忘记设计"空白状态"。如果用户还未发表任何东西，那这个页面会是什么样呢？不要只是让它空在那里，空白页面也要设计样式。

如果有人把它给删了呢

比"空白"更棘手的是"删除"。在 Reddit 上，用户可以发布评论，其他用户可以对这个评论进行回复，然后最初发布评论的用户可以删掉他在这个对话中的第一条评论。

如果这种事情发生在你的设计中会怎样？如果某人分享了一个已经被删掉的东西的链接，那么当别人访问这个链接时会看到什么呢？

最糟糕的情况会是什么

不要去想用户一般情况下会怎么做，这个问题很简单。你要问问自己：用户怎样才能最大程度地"破坏"你的设计。限制他们可以输入的文字数量；让**只有**标题或**没有**标题的文章样式也能看得过去；把他们删除帖子的按钮拿走；用省略号代替过长的文章内容（这被称为**缩略显示**）；如果用户编辑了原有内容，那就显示编辑记录，让其他人知道这里的内容变动过。

而且，要用许多难看且罕见的图片来测试你的设计！当"赤裸忍者协会"到你的网站注册账号时，你会感激我的。

什么是设计模式

当许多设计师都面临相同的问题时，某个人将问题漂亮地解决了，于是其他设计师也开始采用那种解决方案，这就是设计模式。

常见的设计不一定就是好设计。要想成为"优秀的"设计模式，其解决方案必须既常见又实用。

有些设计想法之所以流行，是因为它们能让懒惰的 UI 设计师无视那些具有挑战性的功能。这就好像因为某个人长得很丑，于是就在他头上蒙个袋子一样。

例如：Facebook 的"汉堡三线"按钮（这种按钮在许多应用中都有，用于隐藏菜单）会在网站全屏状态下显示，即使页面上有足够的空间来显示一个菜单。"汉堡"按钮的普遍应用是因为隐藏菜单比设计一个漂亮的菜单要容易得多，并不是因为隐藏菜单的效果更好。

在现实生活中，许多用户根本注意不到那个隐藏菜单的"汉堡"按钮，于是他们要么离开网站，要么在网站中迷路。

这种显示很不友好。

而且是懒人的做法。

"不要这么做，混蛋。"——Jess Pinkman

现有的设计模式已经有上百种，而且随着设备与技术的进步，它们还在不断变化，因此我实在无法给你列出一个完整的清单。但是，如果你在 Google 中搜索"UI 设计模式"，你会找到很多专门收集常见解决方案的网站（无论解决方案是好还是坏）。

Z 形模式、F 形模式和视觉层次

你一定经常幻想每位用户都兴致勃勃地阅读你写的每一封信、看你做的每一个像素。别做梦了，真实的用户不会这样。他们只会扫读。

"扫读"的意思是，用户只在发现吸引他们眼球的东西时才会停下来读一读。本堂课就是关于扫读模式的。

每次使用网站或应用的感觉看似不同，但其实人们看待设计的方式是可预测的。

Z 形模式

从我能想到的最无聊的设计开始说起：一整张报纸上全是文字，而且都是关于同一篇报道的。没有图片，没有空白或重要引述，只有一栏一栏均匀排列的文字，布满每个角落。

在这样的设计中（我希望你从未有过这种设计），用户通常会按照类似于"Z"形的模式进行扫读，从左上角开始，右下角结束。在布局中，任何远离 Z 形的位置都不太会被注意到。

无聊透顶！要睡着了……（看到我的状态了吗？）

我之所以花这么多时间教你视觉设计原则，就是为了让你知道怎样可以把这个布局设计得更好。

如果我们能添加一个大一些的标题（利用视觉重量），规划一栏能让用户跟着阅读的内容（利用线张力），再使用几个小一些的版块（利用重复），这样就能让用户使用著名的 F 形模式进行阅读了。

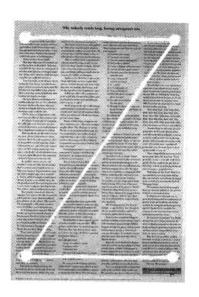

F 形模式

类似的布局 = 类似的扫读模式。如果你追踪了用户的视线方向，那就会发现 Google 的搜索结果页面就是一个典型的 F 形阅读模式。

F 形模式使尼尔森诺曼集团在前阵子很出名。他们到现在还在维护着一个很不错的博客，发布许多值得阅读的报告。

F 形模式的阅读方式如下。

(1) 与 Z 形模式一样从左上角开始。

(2) 阅读 / 扫读文字的第一行（标题行）。

(3) 沿着内容栏的左侧向下扫读，直到发现有趣的东西。

(4) 更加仔细地阅读有趣的东西。

(5) 继续向下扫读。

(6) 重复上述阅读方式，扫读的模式看上去像是字母 E 或 F 的形状，因此而得名。

为什么这很重要

你也许注意到了，页面中的有些部分"很自然地"得到了很多关注，而其他部分则很容易被忽略。这就是布局中所谓的"强位置"与"弱位置"。

位于**左上角**的按钮得到的点击量比**右上角**的更多，右上角的点击量超过**左下角**，而左下角的点击量超过**右下角**。位于四个角的点击量比随意放在中间的点击量要多，**除非你对中间的这个东西进行了特殊处理**。

另外，每个内容"块"或每一栏都有自己的 F 形模式。不必让每一页都有一个 F 形模式，不过那是我们以后要谈的一个更高级的内容。

创造视觉层次

当你不断地使用排版来突出重要文字、用特定颜色强调按钮，并且给重要内容以更多的视觉重量时，就创造出了视觉层次（即人们可以轻易扫读这个设计）。我们的眼睛可以从一个重要的地方直接跳到另一个重要的地方，而不需要像机器人一样进行扫描。

有些设计师认为视觉层次之所以好是因为它看上去更好看，但实际上是因为它更容易扫读，所以使人**感觉**更好。

布局：页面框架

既然你已经确定了目标、研究了用户，并且计划好了信息架构，那么是时候将这些计划付诸实施了！

尽管你很想为每个页面都绘制一幅线框图，但不要那么做！

如果你要盖一座房子，那首先要做的一定是堆砌墙壁，而不是设计房间和买家具。这就是那种需要"三思而后行"的事情。说得通俗一点，绘制线框图就像纹身一样：先从较大的部分着手，然后再丰富细节。在 UX 中，这个较大的部分就是将会出现在所有页面上的元素：导航和页脚。

页脚

页脚通常是由一些静态链接组成的列表，这些链接无足轻重，不值得占用主导航的位置。有些网站的页脚设计得的确很棒，但如果用户需要利用这些链接来使用网站，那么这些链接就不该放在页脚。

问问你自己："有没有哪个页面是一直滚动下去到不了头的？"如果答案是有，那么请确保页脚在其他位置也能看到。如果选择语言的工具位于页脚处，而我每次要更改语言的时候它总是跑走，那么我想说："什么破设计师！"

导航

菜单至少有两种：主菜单和子菜单。

主菜单

如果你的信息架构设计得很合理，那你对主菜单里应该放的东西就会了然于胸。它是你的网站地图中的一级链接（位于主页的下一级）。

菜单项的顺序（从左到右或从上到下）应当从最常用到最不常用（要依据用户的兴趣，而不是你自己的想法）。

如果这是一个全新的菜单，那你要仔细构思，然后告诉开发人员你希望这份菜单在后期调整起来能够容易一些。当你的网站开始有流量了，那就要确保菜单项的顺序与真实的使用量相匹配。如果不匹配，就要进行调整。

子菜单

子菜单是网站地图中用户所在页面的"下一级"页面列表。你确实做了一个网站地图，对吧？幸好幸好，吓我一跳。

注意：即使子菜单中的链接总是发生改变，但最好还是将其放在每个页面的相同位置。这样用户能够很快知道在哪里可以找到它。

别把子菜单做得太大

每当有人跟我争辩说他们那个巨大的菜单一级棒，我都感到很惊讶。因为那其实意味着网站的信息架构（以及做信息架构的那个人）很差劲。

全宇宙最懒的设计就是把所有东西都放在一个菜单里。你应该做得更好。

菜单就像约会：如果你的约会对象超过了七八个，那就有人该伤心了——这个人可能是你自己哦。

闲言少叙

在设计内容之前，先为应用中所有的页面 / 屏幕设计导航和页脚。你以后会感谢我的。

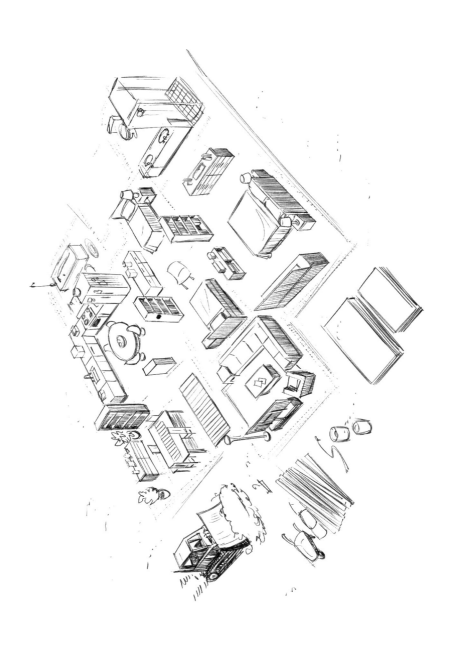

布局：首屏、图片和标题

在你的职业生涯中，会遇到很多关于 UX 设计的常见问题。有些问题就算你不会遇到，也应该知道要怎么解决。

首屏

"首屏"（fold）是最常见的误解之一。以防你没听说过它，我先解释一下，它指的是用户在滚动页面之前就能看到的那部分设计。首屏上的内容享有最高的"能见度"。然而，据我所知，如果用户期望能在首屏下方找到有用的东西，那么其中 60% 至 80% 的人会立即向下滚动页面。

首屏上的内容应该给用户一些信息，让他们知道首屏下会有什么内容。如果用户不知道下面有什么，那他们可能就没什么兴趣去一探究竟了。

注意：当下很流行将巨幅背景图片放在页面顶部。如果人们感觉这个网站的首屏就已经是该网站的全部内容了，那他们可能会直接离开。如果你还要添加一张写着"请向下滚动"的照片才能让人们知道这个页面可以滚动，那你的设计就太弱了。

图片

许多 UX 设计师都觉得图片好像没有任何功能，但其实图片能够引导用户的视线，所以你应该好好思考一下要怎样利用它们。

尤其是人物图片，它们比页面中的任何内容都更具吸引力。通常来讲，图片中蕴含的情感越多，就越能吸引人。

专业提示

对于人物图片而言，设法让图中的人物看向你想让用户看的方向。这会起到惊人的效果。

她让你看这儿了！

标题

除了人物图片之外，我们的视线还很容易被布局中最大、最显眼的文字所吸引。所以当你在设计中添加巨大的标题时，要把它放在人们开始扫读的位置。

要将最重要的内容排在标题下方。如果它下面的内容不是很重要，那你就为它吸引了过多的注意力（致使其他内容得到的关注变少）。如果标题与其下方内容未进行有序排列，那么用户在读完标题之后就会去寻找新的焦点。

闲言少叙

- 在人们滚动页面之前，给他们一些值得关注的东西。
- 要很明显地让用户知道，页面可以向下滚动。
- 选择一些富有情感的照片，用以引导用户的视线。
- 用标题去引导用户看最重要的内容。

布局：交互的轴线

UX 设计中最常见的问题之一是："这个按钮应该放在左边还是右边？"这其实要视情况而定，因为它取决于你在哪里创造视觉"边缘"。

这个概念看似简单。

人类的注意力是非常有限的。我们一次只能注意一件事，比如一只松鼠、一集《鸭子王朝》或者一件性感的泳装。因此，当我们在关注一块内容的时候，就会忽视其他内容。

有趣的事实

眼部追踪表明：当看到男性或女性穿着性感泳装的照片时，**女性**比男性更爱看女性的胸部，而**男性**比女性更爱看男性的裤裆。这与性感无关，只是人类本能的竞争心理。

寻找边缘

当你的每个设计都运用了本书中的视觉原则后，你退一步观看自己的整个布局，这时你会发现到处都是你创造的"线""边缘"或"块"。

它们可能是文本的排列边缘，也可能是图片或排成一排的一组内容。每一条边缘都是一根**交互的轴线**。你的眼睛会一直跟随这条轴线直至被打断或到了这条轴线的尽头。用户几乎总是把注意力放在这根交互的轴线上，当他们的视线离开其中一条轴线时，会直接跳到另一条轴线上。

因此，如果你想让人们点击某个东西，就把它放在（或靠近）一条交互的轴线上。如果你不想让人们点击它，那就放在别处。元素离轴线的距离越远，人们就越不容易看到它，如果人们都没有看到它，那就更无法点击它了。

交互的轴线

此处是一个例子

LOREM IPSUM DOLOR SIT AMET, MELIUS
TRACTATOS INCORRUPTE NAM EI, ET HAS MUNERE
GRAECI ADIPISCI. AN VEL MOLESTIE TORQUATOS,
ET MODUS PERCIPIT EOS, AT ERREM ORATIO NEC.
ERROR ELOQUENTIAM EX SEA, PETENTIUM
MAIESTATIS ET SIT, PRI ID UTAMUR MOLESTIAE.
EUM AT DISCERE SIGNIFERUMQUE, VOCIBUS
PLATONEM NE EST. PRO EXERCI LEGIMUS ID, EI
SED IGNOTA IRIURE PROMPTA. QUI EI NOVUM
BLANDIT ATOMORUM, VEL APPETERE PATRIOQUE
MNESARCHUM CU, CU AUTEM APPELLANTUR VIX.

LOREM IPSUM DOLOR SIT AMET, MELIUS
TRACTATOS INCORRUPTE NAM EI, ET HAS MUNERE
GRAECI ADIPISCI. AN VEL MOLESTIE TORQUATOS,
ET MODUS PERCIPIT EOS, AT ERREM ORATIO NEC.
ERROR ELOQUENTIAM EX SEA, PETENTIUM
MAIESTATIS ET SIT, PRI ID UTAMUR MOLESTIAE.
EUM AT DISCERE SIGNIFERUMQUE, VOCIBUS
PLATONEM NE EST. PRO EXERCI LEGIMUS ID, EI
SED IGNOTA IRIURE PROMPTA. QUI EI NOVUM
BLANDIT ATOMORUM, VEL APPETERE PATRIOQUE
MNESARCHUM CU, CU AUTEM APPELLANTUR VIX.

按钮放在这里……

……或者这里……

……或者这里……

……或者这里

交互的轴线是一条假想的"边缘线"，你的眼睛会自然而然地随着这条线移动。距离这条轴线越近的内容，就越容易被用户看到。

表单

你必须为用户设计一种提交信息的途径。要想提高设计的易用性，就要花费大量时间来设计表单。它们会使人感到困惑、让人犯错，甚至放弃使用你的网站，然而它们却是你的网站中最有价值的部分之一。

如果表单不是你的设计中最有价值的一部分，那你为什么还要用它呢？难道我没有说过它会使人感到困惑、让人犯错，甚至放弃使用你的网站吗？

一个长页面还是多个短页面

关于表单，UX 设计师和营销人员最常问的问题都是："多长算太长？"

通常情况下，表单越短越好，但如果合理的话，也可以把它拆到多个页面上。或者你想让用户分步完成输入以免他们中途放弃，那也可以将表单进行拆分。最主要是要让人**感觉**表单很简单。把相关问题放在一起，去掉无关紧要的问题，需要多少页面就用多少页面，不多不少。

输入类型

表单的目的是获取用户输入的内容（即来自用户的信息）。收集这些内容的方式有很多，无论你使用的是标准的文本框还是超级个性化的滑块，你所选择的输入类型都应该带来最高质量的回答。

例如，你想让用户选择他们最喜爱的山羊品种。复选框和单选按钮都能让用户从一个列表中进行选择。但是，复选框允许用户多选，而单选框只能选择一项。

不同山羊品种的列表：https://en.wikipedia.org/wiki/List_of_goat_breeds

如果你想从用户那里得到更全面的答案，那就使用复选框。如果你想得到更具选择性的答案，那么单选按钮可能更适合。

标签和说明

当你为输入控件添加标签时（想想还有什么方式能让用户知道这个控件的用途），标签要简短、清晰、易于辨识，同时还要将标签贴近控件放置。这样就能解决 99% 的标签问题了。

如果问题不太常规或者十分复杂，那么一点解释性的说明文字会很有帮助。如果三言两语讲得清楚，那就把它放在标签和相关控件的旁边。如果三言两语讲不清楚，那就把它放在表单的旁边（而不是表单里面），因为这样不会影响到那些会填写的人。

要想了解更多这方面的知识，我强烈推荐你阅读 Luke Wroblewski 写的《Web 表单设计》一书。

避免犯错 / 处理错误

说到表单，错误总是在所难免。你的任务是尽量避免用户犯错，并且在他们犯错后尽量漂亮地解决。

可以通过为输入控件添加智能检查来避免错误。例如，如果有一个需要用户填写电话号码的文本框，那就要让这个文本框变得"聪明"起来，能够处理以下结构：（000）000-0000、000 000 0000、0000000000 或000.000.0000。（跟你的开发人员聊聊这事儿。）

给用户一个示例，告诉他们你希望他们填写什么样的内容，这样也可以减少犯错。可以直接将示例显示在文本框里，也可以把它作为说明文字的一部分。

当用户遗漏了某个问题或者有输入错误时，应该提醒他们去更改。如果你能验证某个问题的答案，那就显示对号或者错号来告诉用户是否填对了。这被称为**内联错误处理**（inline error handling）。密码输入框也可以使用内联处理方式：当用户输入密码时，系统会提示这个密码的强弱程度。

如果你无法验证用户的输入，那就不要使用内联错误处理。比如用户输入的姓名（你永远无法得知一个名字到底是对是错）。

当用户点击"下一步"或"完成"时，你可以检查一遍表单，看看有没有遗漏的问题或者输入错误。如果有问题，就要明显地标示出用户漏填了哪里或者为什么他们的输入是错误的。

专业提示

确保用户在表单底部也能看到页面上的错误提示！因为他们是不会把页面滚动回去检查是否出错的。

速度与错误

这里的内容有一点进阶了，但是**超级**实用。

你问的是"姓名"和"邮箱"这种非常常规的问题，还是一些不太寻常的问题，例如："你最喜欢哪一种天鹅绒艺术品？"

对于常规问题而言，把表单中的标签放在对应输入控件上方并与控件左对齐，这样可以让用户尽快完成输入，因为它将所有的元素都放在了交互的轴线上。对于不常见的或者复杂的问题而言，把表单中的标签放在输入控件左侧并与控件位于同一行，这样可以让用户放慢速度，减少犯错。

对于大多数表单而言，要将"完成"按钮放在左侧并且位于交互的轴线上。如果这个表单被用来做具有毁坏性的或至关重要的事情，那就把按钮放在右侧，这样人们会停下来看一看，而不会由于惯性就去点击它。

咻！这一堂课学了好多内容！干得好！

主要按钮和次要按钮

在你的设计中，用户可以点击或者敲击许多东西。这些行为有的会帮助你实现你的目标，有些则不然。

这里展示了两个按钮（不要敲它们）。通常情况下，你只需要两种按钮样式，因为大多数用户行为都能归为如下两类。

(1) 有助于完成你的目标的主要行动。

(2) 无益于完成你的目标的次要行动。

主要按钮

对于用户来说，有些行为是会产生成果的，比如注册、购买、提交内容、保存、发送、分享，等等。这些行为都产生了以前不存在的东西。它们是**主要行为**，也是我们希望用户多多去做的事情。

执行主要行为的按钮（即主要按钮）应该越醒目越好。我们可以通过前面所学的视觉原则来做到这一点。

主要样式

　　与背景形成强烈对比（颜色或明暗与背景形成巨大差别）。

布局中的位置

　　位于交互轴线的上方或靠近交互轴线，让用户一眼就能看到它们。

次要按钮

对于用户来说，有些行为是削减成果的，比如取消、跳过、重置、拒绝报价，等等。这些行为要么移除了新事物，要么阻碍了新事物的产生。这些都是次要行为，也是我们不希望用户去做的事情。但是出于设计的易用性，我们还得提供这些选项。

因此，执行次要选项的按钮（即次要按钮）不应太过醒目，以免用户误点。

次要样式

与背景形成微弱对比（使用类似的颜色或明暗）。

布局中的位置

远离交互的轴线，让用户只有在刻意寻找时才会发现它们。

重要的行为是特例

有时候，削减成果的行为很重要，比如删除账户。这些行为应当使用**主要样式**，但要摆放在布局中的**次要位置**。因为我们既希望用户能找到它，又希望他们在执行这个行为之前先考虑考虑。最好把这种按钮的颜色设置为具有**警告**意味的颜色（红色、橙色、黄色，等等），以表明这个行为的重要性。

特别按钮

你的网站或应用可能会有一种特有的行为，这种行为需要特别关注。为这个行为设计一个特殊的按钮，这样它就能在布局中脱颖而出（利用了**模式突破**）。

亚马逊的"一键下单"按钮、Pinterest 的"Pin it"按钮以及 Facebook 的竖起大拇指的"Like"按钮都是这样处理的（或多或少）。

适应性和响应式设计

UX 可不是一刀切，你要努力将庞大的网页设计塞进许多很小的设备里。不要慌，要适应。

适应性设计是多个不同的设计

许多设计新手分不清**适应性设计**和**响应式设计**，但其实要理解它们很简单。

适应性设计是多个不同的设计，也就是为每一个你认为很重要的设备设计一个版本。例如，你有一个网络商店，顾客会通过手机和电脑进行访问，那么你可能要设计一个尺寸较小的手机版本和尺寸较大的电脑版本。如果有人在手机上访问，他们看到的就是小尺寸版本；如果在大屏幕上访问，看到的就是大尺寸版本。

就这么简单。

适应性设计花费的时间更少，也更简单，因为它更像是静态设计而非响应式设计。许多设计师会为手机出一个版本，再为电脑出一个版本，然后称这个设计是"响应式的"，但实际上他们没怎么为大小尺寸"之间的"情况进行过设计。

响应式设计是一体适用的设计

当你改变窗口的尺寸时，**响应式设计**能随之"伸缩调整"，因此无论你使用什么设备、你的屏幕分辨率是多少，响应式设计都能完美呈现。

为什么响应式设计会有如此魔力，其实秘密都在"布局断点"上。

单纯一个布局是无法无尽伸缩并始终保持美观的，因此你需要决定在什么时候显示或隐藏一些功能，了解布局伸展到何种程度会影响美观，并在此之前改变布局，使其在新的尺寸下能够更好地展示内容。这样一来，用不同设备登录页面时，或者窗口大小改变时，网页就能自动进行调整，为每个用户提供绝佳的体验。

短短一堂课是无法涵盖响应式设计的方方面面的，但是当你对 UX 的理解更加深入时，这方面的内容就值得多读一读了。

创造新设计还是更新旧设计

你迟早都会面临这两种选择：优化已有的东西，或者创造新的东西。

有时候，很明显需要选择创造一个新设计。比如你们公司的网站还是1998 年时建立的，而且上面那个五颜六色、动来动去的独角兽背景已经不再能彰显你们的**专业性**了，那就肯定要做个新的了。

有时候，很明显要对旧设计进行优化。比如当设计师们更新了品牌的重点颜色，从森林绿改成了另一种清新、爽快的绿色，但是其他所有功能都保持不变时，这就没有必要做一个新设计了。

以上这两种情况，不用想就知道怎么选。

但是，当你的网站只有两岁时，有些用户就提出网站里的某些东西已经比不上你的竞争对手了，你该怎么办？这时答案就没那么明显了。

首先要定义问题

如果你连要解决什么问题都不知道，那就更不知道该怎么解决了。因此，首先要明确你想要一个怎样的结果，然后思考你的设计离最终结果有多远。

如果用户由于他们总是忽略了某个按钮而感到困惑，那么也许改变一下按钮的颜色就能解决问题。如果用户感到困惑的原因是，你的网站架构让人摸不着头脑，那你可能需要进行大改造才能解决问题。

尽量做最小的改动

有些时候，**全部**都做比只做**一件**要简单。当你了解到问题所在并且知道解决问题要付出的代价时，不要追求那种最大动干戈、最酷的解决方式。尽量用最小的改动来解决问题。

例如，你的菜单让人感到困惑。如果让菜单标签更显眼就能解决问题，那就这么干。可以仅更改文本，这样既容易完成也易于测试。如果仅更改文字解决不了问题，也可以在网站里添加一些**交叉连接**，从而使用户更容易找到他们想要的，即使来到错误的页面也不要紧。

如果上面这些做法还解决不了问题，那可以更新首页的设计，提供一些很难发现却又备受欢迎的内容的快捷方式。

如果上面的做法都没有解决问题，还可以移动 / 合并某些页面，让它们显示在人们认为它们应该显示的地方。

但是……

如果代码确实很老，或者这个菜单是基于糟糕的内容管理系统建立的，或者同时还有其他大调整要做，又或者公司想换一种赚钱的方式……所有这些情况都表明更新旧设计可能比丢弃整个网站然后再设计出一个新网站**更加困难**。

创造一个新的设计可以丢掉旧设计的所有包袱，但也意味着必须更小心地利用已有数据并处理好人们的预期。如果 Facebook 明天换了一个完全不同的设计，那可能会把每个人都惹恼，即使新设计确实更好也没用。不论你选择哪种方式，记得帮助用户学会使用新的设计！

有时候，最好的更新就是舍弃

不要总是选择增加功能。问问自己，你是否可以通过**去掉**某些东西来解决这个问题。也许你的导航中有太多用户不关心的选项，从而使人感到很困惑。也许你给用户的内容太多了，从而使页面变得很难扫读。也许你提供的功能太多了，人们学起来太费劲，所以不想一直挂在页面上去搞懂所有的功能！

另外，你可以做一些自动化的设计，这样就简化了用户的工作，即使你的工作会因此而变得更加复杂。界面设计要删繁就简。

触摸与鼠标

所有的界面设计心理也许都是相同的，但是基于不同设备的功能，实际操作的细节可能会大相径庭。

鼠标相对于手指的优势

鼠标指针（那个小小的箭头）是手在屏幕上的延伸，它让你在远离大屏幕的情况下也能与其进行交互。

小而精确

既然鼠标指针不是一个实际存在的"物体"，因此理论上它可以是任意尺寸的。在这里，尺寸越小就意味着越精确。实际上，鼠标指针可以精确地选择到某个像素，尽管我们并不推荐你制作一个像素尺寸的按钮。但是，如果你想做一些需要精细控制和细节操作的事情，比如用 Photoshop 修改贾斯汀·比伯的内衣广告，那么鼠标的表现会更好。

能够悬停

鼠标就像塞缪尔·杰克逊一样——总是出现在屏幕上。电脑知道它在哪里。鼠标的一大优势就是它可以在未经点击的情况下就导致变化。当用户将鼠标指针移到按钮或菜单"上面"（即悬停）时，界面可以在用户预先不知情的情况下改变颜色或显示隐藏选项，这被称为"发现"。

易于选中

鼠标可以点击很小的区域，例如点击两个字母之间的位置，或者通过点击并拖曳来选定某个特定的区域。这也是它相对于手指的一大优势。因为手指在触摸并拖曳的时候会阻挡我们的视线并且导致页面滚动。因此，在编辑文字和图片或者玩精确度高的游戏时，鼠标比手指的表现更好（或更快），因为这些操作要求细致的选择。

点击鼠标右键（或者在 Mac 上按住 Command 键点击鼠标），大多数软件或网站会弹出一个菜单或许多高级选项。你可以将一些常见的快捷方式设计到鼠标的右键菜单里，而无需直接显示在屏幕上。而且，屏幕上的任何元素都可以有不同的右键菜单。有些触摸操控的应用也有触摸并按住的概念，与点击右键即显示右键菜单的概念相似，但是却比鼠标右击更慢且更不明显。

能够改变形状

与手指不同的是，鼠标指针可以变成任何你想让它变成的样子！箭头、小手、图标、小乳猪，等等。当光标改变的时候，它能告诉用户如果点击鼠标会发生什么，比如指针在链接上面会变成一个小手（这是在模拟人手触摸）。许多软件利用这一点来提供丰富的视觉反馈。

手指相对于鼠标的优势

大多数人有 10 根手指，它们是被一个叫做"进化"的自然过程设计出来的，自然进化相当擅长设计工具。以下是你那值得信赖的手指所具备的一些优势。

内置反馈

手指里有神经，它们会告诉大脑你在触摸什么东西。当手指触摸屏幕时，你不需要视觉反馈就能确定你摸到了。尽管如此，视觉反馈仍然是个好东西。在不远的将来，新型设备可能还会让你的手指感受到触觉上的反馈！

直接作用于界面

当你想要点击某个按钮时，不用去摸鼠标就可以直接伸手去按那个按钮。这听起来好像是小事一桩，但却为大脑减少了很多工作量。

创造物理定向

与界面的直接接触意味着人们开始假设许多现实中的物理性质也适用于屏幕上的东西。想让某个东西变大一些？那就把它拉大。想小一些？那就把它捏小。想把它往上移？那就用手指按住它，然后向上滑。当你将屏幕"向下"滚动的时候，可能并没有意识到你实际上是在将内容"向上"移。触摸设备改变了这一点，让向上的动作确实表示"向上"，向下的动作确实表示"向下"。

永远可用

你在触摸屏上打字、点击和选择时用的都是同一个东西：你的手指！在不用手指时你也知道它们在哪里，因此它们永远不会丢失。但愿如此。

手势和多点触控

手势是每次对话的一部分（假设你的手功能正常），因此我们进行滑屏或收缩操作时没有任何问题。但是，有时我们必须要教别人该使用什么手势，所以尽量少设计一些疯狂或复杂的手势。如果你需要做稍微复杂一点的事情，那可以使用**多点触控**手势，也就是使用多根手指完成操作。

训练有素

人在四岁的时候就已经掌握了手指的基本动作技巧，因为事实证明小孩儿可以把 iPhone 玩儿得和大人一样好。但如果你见到玩儿 iPhone 的那些小孩儿使用鼠标的话，就会发现他们用得没那么自如，有时可能还会盯着鼠标以确定方位。

X

易用性心理

什么才是真正的易用性

你的设计将会决定用户必须做多少思考才能完成任务。如果在"不用思考"和"要努力思考"之间分成几个档次，那这些就是易用性的不同档次。

关于 UX 的一个常见误解是，易用性强的东西一定更好看。

世上还没有什么东西是"看上去好用"的。如果有人那样评价你的设计，你可以直接忽略。

当用户在调查中被问到哪一种设计"最易用"时，他们更偏向于从美观程度而非易用性的角度回答。这说明我们不能相信用户对易用性的看法。

易用性可以通过人们**做**的事情来衡量。

- 如果在相对更丑的设计里，购买某件东西的人数更多，这说明该设计更易用。
- 如果在相对更丑的设计里，人们阅读的内容更多，这说明该设计更易用。
- 如果在相对更丑的设计里，注册的人数更多，这说明该设计更易用。

有时候，你不得不在美观和易用性之间作出选择，要始终选择易用性。

易用性 = 认知负荷

认知负荷是指用户完成任意一件小事时，他们的大脑所执行处理的总量。比如以下几个例子。

- 继续做同一件事比重新开始做另一件事所做的思考更少。
- 再次找到某件东西比第一次找到它时所做的思考更少。
- 阅读简单的单词比复杂的单词所做的思考更少。
- 赞同比抱怨所做的思考更少。

你的设计（以及你的人生）中的每一个细节都应该减少用户（或你自己）与正面目标之间的认知负荷。

易用性存在于每个细节、每个时刻、每次使用当中。

不要忽视美观程度

UX 并非与美观程度毫无关系。人们可以快速确定自己是否喜欢某个事物的外观。美观会立刻为产品赢得下载量和信任感，并且增加设计的说服力。虽然产品的美观程度无法提高它的易用性，但能让用户**感觉**它更好用，这一点很重要。

在 UX 中，你的任务是测试、衡量和研究美观程度，而非创造美观。

在接下来的几堂课中，你将会学到一些心理因素，它们能帮你提高事物的易用性，但可能不会影响用户对于外观的看法。

作为UX设计师

你要学会利用心理因素来提高（并且通过测试来确认）事物的易用性，即使这样可能会让用户觉得它更丑了。话虽这么说，但不要单纯因为某个东西很丑就觉得它易用，否则就太蠢了。丑并不代表易用。

简单、容易、快速或极简

UX 设计师始终致力于为用户提供更强大的功能，但是要具体情况具体分析。接下来让我们看看关于易用性的四种思考方式。

在 UX 领域，你可能听过这样一个词：启发法。它指的是一种解决问题的方式或策略。假设你想让更多人去完成一个步骤很多的流程，比如退房、注册或通过机场安检的全身扫描仪。

（也就是说，你想要提高转化率。）

以下是关于"启发法"的四种思考方式，它们各有利弊。

更简单：步骤更少

作为 UX 设计师，一定会有人拿着一份 7 页的注册流程去找你，让你简化一下。

你应该这样做。

- 把不必要的问题去掉，例如"请确认您的邮箱地址"。
- 检测信息，比如自动检测信用卡类型而不是让用户手动填写。
- 自动将答案设置为正确的格式（比如电话号码），不要让用户多次填写（或者使用错误检测）。

简化法的劣势在于收集到的信息可能更少，或者制作的时间更长。而且如果不确认邮箱地址的话，用户一个小小的输入错误就能毁掉整个注册。

更容易：步骤更明确

尽量使问题更明确一些。只要假装你是在给《鸭子王朝》里的那些人设计就行了。

你应该这样做。

- 让他们在列表中选择自己的国籍而不是手动输入。
- 为每一个问题添加超级清晰的指示文字，包括"你的姓名"这种问题。
- 将复杂的问题拆成好几步来完成，让每一步都更容易理解。

把问题表达得更明确就意味着要让用户回答更多问题或阅读更多内容，这与简化法背道而驰。

更快：完成 / 重复某一过程的时间更短

有些过程是用户做过很多次或者将要完成很多次的。久而久之，缩短这个过程的完成时间就能大大提升转化率。

你应该这样做。

- 让用户保存他们的地址，这样下一次可以自动补全。
- 把最常用的设为默认值，这样大多数人都无需更改设置。
- 为登入的用户提供亚马逊那种"一键购买"的快捷操作。

追求速度的设计会降低整个过程的灵活性（变化意味着低速），而且当你一路点下去的时候，很容易忽略你所犯的一些错误。

极简：功能更少

许多设计师认为极简主义就是扁平设计，或者是把选项藏在隐藏菜单里。但这绝对**不是**极简。

极简主义的精髓在于做得更少，但完成得更好。理论上，极简主义能让设计变得更简单、更容易、更快速。例如，Outlook 这款邮件应用具备很多功能，比如通讯录、功能齐全的日历、会议提醒，以及用多种方式对收件箱进行排序。它不是极简的。它的功能也许很强大，但却很难上手。

而 Sparrow 这款邮件应用只能让你发送、接收、转发、删除邮件以及把邮件放进文件夹里，基本上就这些功能。这款应用很流行也很好学，但功能没有 Outlook 那么强大。

极简主义通常都要求从头开始重新设计。尽管它能使产品的基本功能更出色，但对于超级用户而言可能还不够强大。

最好综合运用几个策略

为了选择最适合你的启发法，可以通过做用户访谈来了解他们的心理策略，询问公司里"利益相关者"的需求，并且永远要对你的选择进行A/B 测试，以确保它确实更好。

浏览、搜索或发现

不同的人使用网站或应用的原因不同。如果你针对错误的行为进行设计，那肯定得不到想要的结果。

在现实生活中，这意味着各种情况。为了学习这堂课，我们先来理清几个概念。

浏览

> 当你走进宜家并观看所有样板间来"寻找灵感"的时候，你就是在浏览，而且很可能在走出宜家时还买了一堆没用的东西。

搜索

> 搜索指的是你到宜家专门找一款能放进你那个小公寓的沙发。

发现

> 发现是指你找到了想要的沙发，而且还购买了同一个样板间里的另一个设计精巧的嵌入式茶几，因为这个茶几设计得实在是太巧妙了，就好像你的生活中确实需要这样的东西似的。

浏览

你访问在线商城，可能是因为其中的商品看上去很漂亮，或者是因为你在赶时髦，又或者是因为你梦想着有朝一日你的人生会因为一块价值2000美元的手表而圆满，总之你访问的时候就是在浏览。

用户会从左上角开始一张张地快速浏览大部分图片。她可能会略过某些图片，但也没关系。当用户看到吸引人的照片时，就会投入更多的注意力（甚至还可能会点击一下）。

为浏览行为而设计：让页面易于扫读，保持内容简洁直观。不要用一堆没用的东西把页面塞得满满当当，要聚焦于能让产品产生情绪感染的方面。如果页面焦点是时尚，那就主要使用照片；如果页面焦点是力量（比如船的引擎），那就用清晰的标签来展示相关信息；如果页面焦点是品牌名称，那就清楚地把商标显示出来；如果页面焦点是工艺，那就放大手工艺品的细节。以此类推。

搜索

当某人试图寻找脑海中的某样东西时，好像跟浏览差不多，但眼球追踪的研究表明，搜索与浏览大不相同：搜索是在搜寻猎物。进行搜索的用户会忽视很多产品或图片。布局中的组织结构要帮助他们系统地进行层层选择，他们不想错过任何一个结果！像 Pinterest 那种布局就与搜索的意图相左，因为页面内容的排列太无序、太随意了。但是，能够"过滤"选项还是很实用的。

为搜索行为而设计：把重点放在产品属性上。如果用户想找一家在某个价格区间内同时又具有某种风格的餐厅，他们会查看每个看似匹配的选项。只突出大多数用户认为"至关重要"的属性即可。不要觉得页面看上去很"凌乱"，如果信息确实有用的话，那就不是"凌乱"。页面又不是画廊。

当用户找到他们想要的东西时，会点击以获取更多信息（或购买）。用户最感兴趣的可能是餐厅的菜单、照片和价格，而不是座位数量或者副厨师长的姓名。

发现

假设用户要找的不是你那精美的古董笛子，但是你认为如果他们看到了就会购买。那么如何让用户发现它们呢？你设想的人们发现新事物的方式可能与他们实际发现新事物的方式完全相反。欢迎来到古怪的 UX 世界。

你有可能会犯以下两个错误。

(1) 把想让用户发现的东西放到主菜单上，或者在网站上创建横幅广告来宣传它。

(2) 预想你最忠实的用户会首先发现它，因为他们在你现有设计上花的时间最长。

以上两点都是错误的。

错误1：用户只有在寻找主菜单里的某个项目时才会点击菜单，几乎没人会通过主菜单获得"新发现"。而且横幅广告也没什么用，因为它从没起过作用。你难道没上过网吗？人们怎么可能突然对横幅广告感兴趣了？

错误2：用户越有经验，就越发现不了新事物。在现实生活中，只有新手会探索网站或应用，想要搞清楚它能做些什么。有经验的用户知道他们想要什么，也知道怎样能得到它们，所以他们有什么可探索的呢？

"如果你喜欢那个的话，也会爱上这个的……"

不要依赖于让用户发现新事物，而是要让他们找到他们正在寻找的东西。同时，把新事物跟他们正在寻找的东西放在一起（而且要让新事物与用户所找的事物有所关联），这样他们就能"发现"新事物了。这样感觉上像是你把新事物藏起来了，但实际上你正在尽力将它展示给合适的人。

在 Reddit 这种网站上，人们都是来看投票数最高的内容的，没人想看新帖子。但是如果没人给新帖子投票，那就永远不会产生投票数最高的内容！因此，Reddit 把一些新帖子（你喜欢的那些类型）放在排名最高的内容里，这样这些新内容就能够被人们看到并获得投票，然后开始新一轮循环。

你越了解用户，就越知道该针对什么进行设计。所以，好好做用户研究！

一致性和预期

一致性能让用户学习得更快，并且让他们对接下来会发生的事情有一个预期。但是，一致性并不能自动产生好设计。

一致性指的是不同页面、不同设备或不同用户之间的设计看上去是相同的。通常来讲，一致性有很多好处。登录某个网站或应用的时候，我期望它与我上次登录时一样。这样有助于我寻找菜单并直接导航到我喜欢的内容，还可以快速略过广告。从品牌的角度来讲，一致性能够帮我辨认出某家公司、信任它的内容，并且知道自己来对了地方。

模式必须具有一致性

大脑是一台识别模式的机器，它能把曾经做过的事情做得更好。正因如此，菜单应位于每个页面或屏幕的相同位置，所有表示警告或重要性的颜色都应保持一致。

一致性会使人产生预期。当用户预计到某物的运作方式，而事实也确实如此时，这就是易用性强。

但是……

一致性是个工具，而不是规矩

如果某人扇了你一巴掌，那么他再抬手的时候你就会躲开，因为你预计他还要扇你。如果你想让用户每次的预期都相同，那就采用同样的设计。但很多时候，你都希望用户的预期有所不同。

应用或网站的设计不必完全相同，可以把其中一个设计成点击鼠标来操作，把另一个设计成滑动屏幕来操作，设计上的区别能够传达出使用方式的差别。比如，用户不太可能同时使用安卓手机和 iPhone 来操作你的应用，所以，如果你的应用在这些设备上所展示的功能**略有**不同，那也没关系！毕竟这些设备也**略有**不同。

着陆页、首页和付款页的目标不同，所以不要担心它们之间看起来有差异，它们就应该有差异才对！

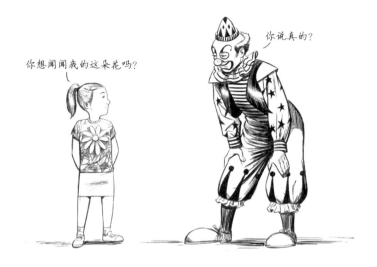

反向 UX

虽然我们一直在努力帮助用户，但这并不意味着我们一定要听他们的。如果你还没意识到我们有能力运用 UX 技巧来诓骗用户，那你就太天真了。

糟糕的 UX 设计与违背用户意愿的 UX 设计是两回事。它们之间有着心理上的区别。"反向 UX"通过反向使用普通的 UX 原则来避免错误或糟糕的决策。

好的 UX、糟糕的 UX 和反向 UX

假设你在运营一个关于小丑车的会员制网站，这个小网站里有很多精彩的内容。

会员每月支付订阅费，直到他们取消订阅为止。虽然费用不高，但你从中获益颇丰！

你当然不想让用户取消订阅，但你又必须允许他们这样做，否则他们估计要泪流满面了。

下面假设我们要设计这个取消的过程。

好的 UX

表单应当清晰、易填。"取消订阅"按钮的位置应当合理（比如位于账户设置页面）。用户应收到一封确认取消的邮件。一切都应易读且相关。

糟糕的 UX

如果你是个不道德的设计师（我讨厌这种设计师），那你可能会把表单设计得很难填写，让人困惑不已。你可能会把"取消"按钮放在某个古怪的位置，或者把它设计得很小，让人难以找到。而且只要用户犯一点小错，取消过程就会失败，他们必须重头开始。

问题

在现实生活中，糟糕的 UX 导致的取消订阅人数要比好的 UX 少，这一点对公司来说是有利的。

不过……让用户花钱找罪受？这样可不好。

然而，还有一种解决方式……

反向 UX

具备"好的 UX"所具备的所有特征。清晰、易用。但是，我们还要加入一些心理因素来解决上述"问题"。

如果营销部门想知道用户取消订阅的原因，那就把这个问题放进取消订阅时要填写的表单中。一堆无聊的问题可以有效降低转化率；把表单分成好几页，填写的时间就会更长；在表单里添加"常见问题"的链接，可能会"帮助"用户放弃取消过程；避免使用默认项，让用户在最大程度上作出有意识的选择。

这些事情做起来都很容易，但它们能让你理性思考，同时还要花费一些时间。

向用户展示他们喜欢的文章，比如"在自拍照中拍到更多小丑的十种方式"，或者展示他们最喜爱的小丑照片，或者给他们大红鞋子俱乐部的独家访问权限。（你知道他们是怎么评价穿大红鞋子的人的！）

（也就是提醒用户，如果他们取消订阅会**失去**什么。）

整个过程中不应该有很难的或者欺骗性的东西。我们不是在试图阻止用户，而是在努力消除用户想要取消订阅的情感动机，这样他们会**选择**留下。如果他们离开的理由合理，那离开了也没关系。

卑鄙的 UX 伎俩会损害所有人的利益

RyanAir 是欧洲一家廉价航空公司，这家公司曾经的网站是我见过的最具欺骗性的网站。

新网站（在写这本书时还是最新的）比之前那个要好一些，但它仍旧默认勾选了你根本不需要支付的额外保险金。要取消这个选项，你要向下滚动大半个国家列表，然后点击列表中的"不购买此保险"。这完全不合情理，而且如果你没搞清楚的话肯定就要付钱了。

你就是这样失去用户的信任的。

"不要做那种烂事。永远不要。"——R. McDonald，小丑公司高级副总裁

可访问性

当你的用户是普通大众或者特殊人群（年龄太大或太小，或者有视听障碍）时，他们可能无法理解你提供的语言或其他元素，这时候你就要调整策略了。

可访问性指的是针对某方面能力低于常人的有障碍人群进行设计。有障碍指的不一定是有残疾。任何有可能导致一般的设计难以使用的因素都可被归为可访问性问题。可访问性也是众多可以单独写成一本书的话题之一——说不定已经有人写了。这里只是做一个非常粗略的介绍。

对于新手而言，最重要的是知道有可访问性这回事，而且要尽量把它纳入到设计中去。

对于政府或大学这种面向**普通大众**的网站来说，可访问性是要重点考虑的一个问题；对于 Facebook、Tumblr 或新闻网站这种拥有数百万用户的网站来说，可访问性也不容忽视。

可访问性是视觉体验

提高可访问性的最简单也最显而易见的方式就是让你的设计更易于观看。实际上，这与针对不同设备进行设计的理念非常相似，只是前者考虑的是用户，而后者考虑的是设备。

大号字体更容易阅读，因此如果你的受众上了年纪或者有视觉障碍，那就多花些时间提升可读性。色盲是真实存在的，而且可能比你想象的更常见。例如，你的受众中可能有高达 10% 的人是红绿色盲，因此最好不要使用红绿色来做"是"和"否"按钮的颜色。

可访问性是技术

你是否知道一款名为"屏幕阅读器"的软件？一些视觉障碍者用它来阅读网络上的所有内容。这个软件会按照代码的排列顺序来阅读页面上的所有内容，因此要确保代码的排列顺序是正确的。屏幕阅读器还可以按照"Tab 键的定位顺序"（就是你仅通过一次次点击 Tab 键来选择内容的顺序）来阅读内容，所以如果你想让盲人或视力不佳者迅速获得好内容，请考虑这一细节。

可访问性是内容

使用简单的单词和语法，以免不太熟悉你所提供的语言的人在阅读时有很大困难。

转换语言要很容易。许多网站（尤其是美国网站）忘记了世界上三分之二的人并不太懂英语。对许多用户而言，提供语言选项可不是一个小细节，而是一个成败攸关的功能。

使内容尽量简短，这样有视觉障碍的人就不会花费太长时间来听。使长页面内的跳转更加容易。使页面容易扫读。

可访问性就是要格外体贴

要以用户的方式去使用网络或者应用。我向你保证：测试 30 秒后，你就会痛恨自己和其他所有没有考虑到这些问题的设计师。

但不要止步于此！要真真切切地思考你的设计，而不只是**看看**它。如果你已经 80 岁了，不太懂技术，而且很健忘，你想上网查一份食谱，你会有什么需求？

XI

内容

UX 文案与品牌文案

谈到文案撰写，UX 设计师与专业文案撰稿人所关注的点不同。我们关注的是一种特定类型的写作，而且并不是为了文笔上的赞誉。

UX 文案关注的是易用性

还记得我曾经说过 UX 的目的是让用户更**高效**而非更开心吗？文案就是个最具代表性的例子。完美的 UX 文案让人一眼就能看明白，达成其目的之后又能马上被遗忘。

UX 设计师不是文案撰稿人，不是市场推广人员，不是营销人员，也不是创意总监。因此，当我们撰写文案的时候，需要把关注点放在让用户**理解并参与**上。

标题是用来号召用户采取行动的，而不是为了讲故事。

说明文字是指导性的，而不是启发性的。

表单标签要简单明了，不要耍小聪明。

按钮文字要清晰可见，不要有太多留白。

品牌文案要能创造联想

还记得之前学习的有关记忆的知识吗——人类将特定的事物与特定的情感联系在一起。**品牌**文案的目标就是创造这些联想。

你一定希望用户认为你的公司比其他公司更有**人情味**、更科学或者更权威，那么你可以**以某种语气来撰写文案**。

品牌文案撰稿人写出的标语或推广口号可能更巧妙，比如耐克的"Just

Do It"。可能他们写标题的时候就是为了突出趣味性，比如 MailChimp 网站上的古怪文案。也可能他们给产品或功能的命名是为了显得更**吸引人**或者更**符合品牌定位**，比如苹果公司的产品前面都有一个"i"，麦当劳的很多产品名称前都带个"麦"字，以及 Ben&Jerry 的各种口味的冰淇淋名称。

相辅相成

这听起来可能是互相矛盾、无法协调的，但事实并非如此！因为 UX 和文案有一个共同的目标——劝诱。

我们把 UX 做得简单明了，是为了让更多人能够达成目标。品牌文案撰稿人用文字来鼓舞人心，是为了激励更多人想去达成目标。UX 策略能让价格看上去更诱人，而品牌文案能提升人们的参与度。因为品牌文案能够**激发**用户的**动机**，所以提升了参与度；而 UX 让产品更**易用**，这就提升了人们对该品牌的好感度。

在理想情况下，你想要二者兼得。

选择你的战场

如果某人正在为一本杂志设计精美的广告，广告上还有五个字的标语，那这可能就不是 UX 分内的工作。除非要进行眼球追踪，否则你的工作就只是确保文字易读，剩下的事就交给文案撰稿人来做。

（补充一下：我在关于 UX 的书里举了一个非互联网的例子——你不会以为 UX 只发生在互联网上吧？ UX 存在于人们的大脑中，而不只是屏幕上。）

如果你正在设计一个复杂的表单，而这个表单对于业务的成败至关重要，这时候文案撰稿人想让标签更文艺一些，你就让他们滚一边儿去。注意：UX 设计师有时也很凶神恶煞的！

"易用性高"永远**符合品牌定位**。永远不要为了好看而牺牲功能。

行动号召公式

文案中的细小改动可能会对结果造成巨大影响。因此越重要的按钮就越要重视细节。

下面这条公式可以应用于任何你想让用户点击的文字。

动词 + 好处 + 紧急的时间 / 地点

我曾经仅仅改动了一下文字就让某个按钮的点击率增长了 400%。如果你也想让老板认为你是个魔法师，那就好好学学这堂课。

动词

动词就是表示行动的词语：获得、购买、观看、尝试、升级、下载、注册、赢得、输掉，等等。动词应当放在最前面，因为它单刀直入，能将按钮直接转变成行动指令。

好处

有时候动词和好处是一回事，比如"升级"一词同时表示了动作和好处。但在"立即下载第 2 版！"这句话中，新的版本只代表好处。在"今天要减掉 5 公斤！"这句话中，好处是减掉 5 公斤体重。你肯定明白我的意思了。要确保好处确实是对用户有利的，而不是单单是对网站有利。比如"成为会员"这句短语就没有明确指出带给用户的好处，但是这个网站的运营方却觉得这句话棒极了。

紧急的时间或地点

像"现在""今天"或"一分钟内"这样的字眼表明了一段期限，含义明确，同时给人带来一种紧迫感。像"这里"或"这个"这样的字眼会告诉用户当前这个按钮就是他们要找的按钮，比如"喜欢本篇"或者"从这里开始"。

如果你看到一个写着"从这里开始！"的按钮，你就会知道要采取什么行动、在哪里行动以及能得到什么好处。以我的经验来看，如果用户的第一个问题是："我该从哪里开始？"那给他们一个"从这里开始"的按钮就会取得很好的效果。这看似显而易见，但实际上当你真正开始规划网站的时候就没那么简单了。在这个例子中，"这里"指的是按钮本身。

万能牌

"免费"一词有时可能会取代"紧急的时间或地点"的位置。如果某个按钮向用户提供一些比较大的好处（比如软件），那用户可能会认为这需要付费。这时"免费"一词能够帮助用户减少焦虑并增加这个按钮的点击率。但是用这个词的时候要小心，因为它可能会让用户感觉高端的品牌没那么高端了，或者暗示提供的好处其实并没有什么价值。

要避免的事情

行动号召的按钮／链接（就是你想让用户点击的按钮／链接，比如"购买／注册"按钮）永远不要以"点击这里……"作为开头。按钮或链接本身就已经向用户表明了他们需要点击什么（如果设计合理的话），因此不需要再告诉他们一遍。那种文案会损失点击量，因为用户看不到点击按钮之后会产生的动作或好处，那他们就不会点击了。"今天就赢！"要比"点击这里来获胜"的效果好。

另外，按钮上出现较长或较难的单词也会损失点击量。"从这里开始"看上去要比"以此为始"或者"如果你想进入网站，那就从点击这个按钮开始"好得多。这个例子有点傻，但是道理很重要。

指示文字、标签和按钮

> 你的工作是帮助用户恰当地完成任务，也就是说你要告诉他们这是什么东西，他们应该拿它怎么办。

如果用户没有明确地知道他们应该干什么（即使他们明确地知道了），那你可能会想帮他们一把。

指示文字应当简短、确切并直接。不要用晦涩的词或专业术语，不要说一些讽刺或不道德的话或者讲冷笑话，不要太啰嗦也不要太软绵绵的。用最简单的话来告诉用户该干什么。把对方当作聪明的小朋友或者不懂本国语言的外国人来编写指示文字。不要说傻话，做到清晰明确即可。以下是几个例子。

- 糟糕的指示："当你准备好之后就一直向下滚动，滚动到能点击的位置。"
- 还是糟糕的指示："这个区域内的所有字段都是必填项，而且必须成功提交之后才能启动账户创建流程。"
- 傻话："你真是太擅长填表了！当你像个填表专家一样把所有内容都填完之后，就能去点击下面那个漂亮的黄色按钮了！你马上就成功了，你是冠军！"
- 好的指示："回答所有问题。回答完毕后，点击页面底部的黄色'完成'按钮。"

标签

你可能总是忍不住想把标签写得巧妙又特别，但一定要抑制住那种欲望。用最常见、最简单、最基本的文字来写标签。如果你的标签的答案不止一种，那它可能表达得还不够清楚。看看下面几个例子。

- 糟糕的标签："你的心在哪里……"

- 不够优秀的标签:"你居住的地方"
- 更好的标签:"地址"
- 最好的标签:"家庭地址"

标签还可以用在按钮身上,很多设计师都忽略了这一点。

如果你略过了大标题和指示文字,是否还能明白这个按钮的用途?如果不能,那就把标签写得好一点。

- 糟糕的按钮标签:"确认"或"好的"
- 优秀的按钮标签:"不保存更改"或"保存更改"

然而,这也是 UX 中"方法较简单,实操需技巧"的一个地方。如果你的创意总监、文案撰稿人或客户看到你的文字并且对你说:"我们要把标签写得更漂亮一些。"这时你要拒绝。

迫不得已时要用 A/B 测试来证明自己是对的。如果你的文字既实用且功能性又强,那就永远不要妥协。有时候,用户需要的是简单明了的"体验",而不是漂亮但却让人摸不着头脑的"体验"。

着陆页

当用户第一次来到你的网站时，他们所见到的第一个页面肩负着一项任务：把他们领进门。

把你的网站或应用想象成一个机场

你刚从另一个地方来到这座陌生的城市，带着行李（和满腹心思）从飞机上走下来，你的第一个问题总是同一个："我该往哪儿走？"

你可能会想找一辆出租车或者上个厕所，又或者吃顿饭之类的，总之你会最先走向能满足你需求的地方。

网站的着陆页与机场的不同之处在于，人们到达着陆页之后还可以返回飞机上。你的任务就是告诉人们该怎么走，不要让他们再回到飞机上。

好的着陆页可以回答"UX 中的三个什么"。

(1) 这是什么？

(2) 这对我有什么用？

(3) 我接下来该做什么？

三个什么 = 一件事

着陆页应当只有一个焦点，甚至都不需要主菜单。事实上，菜单还会**削弱**着陆页的效果，因为它会分散用户的注意力。

也许他们想知道你的网站是如何运作的，或者怎样进行注册；也许你的宣传广告引起了他们的好奇，让他们想了解更多；也许你要向其他公司销售产品，而他们需要看看你的产品是否符合预算和需求；也许只是有个朋友向他们推荐了你的产品而已！

如果你了解用户想要什么，就应该让他们知道他们确实来对了地方，并且告诉他们怎样才能实现他们的需求。

一个网站可以有多个着陆页

"首页"可能是某个着陆页，但并不是唯一的着陆页。不要以为所有用户都只从正门进来。

最好能针对你的宣传广告、谷歌搜索以及其他你预期的或者已有的流量来源来设计着陆页。这些着陆页的目的就是激发兴趣，你可以通过用户**是否点击了什么**来判断他们的兴趣。

着陆页很重要

如果新用户在着陆页上**没有点击**任何东西，这就叫**跳出**。跳出的用户不会用你的网站／应用／产品做任何事情，因为他们已经离开了。

他们无法注册、购买、分享或发布内容，因为你根本就**没有**把他们转化成用户。

因此，你花在优化着陆页上的时间都是值得的。1% 的优化都可能带来数千甚至数百万的销售额，这取决于你具体做了哪些优化。另一方面，如果 80% 的访客都**没能**留下来，那你的机场就要亮红灯了。

易读性

对于其他类型的设计师来说，这可能是一堂排版课。但既然你是 UX 设计师，那我们就要谈一谈如何能让文字发挥最大作用。

不要再纠结于是否选择衬线体

在 UX 中，不要在意这种事情。从技术上讲，连 Comic Sans 这种字体都是可以接受的——尽管我不建议你用。

易读性指的是一大堆文字的"易用性"。维基百科中的长篇文章、Google 的搜索结果列表或者对迷你驴这种动物的一番说明——这些都是一大堆文字。

当其他类型的设计师在选择字体和排版的时候，会利用这些文字去营造**一种风格与样式**。他们也想让别人阅读那些文字，但那不是他们最关注的问题。

例如，"绝对伏特加"的酒瓶上有一些很漂亮的手写体文字，虽然很难读，但却很"漂亮"，而这就是设计师最想要的。在他们提出将整段文字都用手写体写在酒瓶上时，肯定遭到了 UX 设计师的强烈反对，但他们还是这样做了，因为易读性并不是他们最关注的点。

如果你的网站是个新网站，那么当你用花哨的手写体来展示文章之后，可能会收到来自用户的恐吓信，然后你的网站也就关门大吉了。

这时候就该 UX 上场了。

易读性是综合效果

很多东西都能提升设计的易读性。排版人员将会成为你的百宝箱，因为他们花了大量时间来跟文字打交道。

你可以尝试以下几件事。

文字够大吗？

小号字体虽然好看但却很难读，尤其是在移动设备上。可以尝试增大所有文字的字号，这个办法比较简单。

增加文字间距

这被称为**字距调整**或**字间距**。当文字之间挨得太紧时会变得难以阅读，尤其是出现大段文字的时候。给它们之间"透透气"，这样读起来会容易得多。

增加行间距

这被称为**行距调整**。通常来讲，行距应该是一行文字高度的 1.5 倍。再高一点也行，但是不能过高，否则换行时会很容易分心。

增加文本间距

设计中的任何元素都有可能分散人们阅读时的注意力，这就是为什么有些浏览器和应用提供了"阅读模式"，把除了文字以外的所有东西都剔除掉，让人们能够专注地阅读。

调整栏宽

据说一栏文字的最佳宽度是 45 至 75 个字符，信不信由你。栏宽越窄（大约 50 个字符），**感觉**越好；栏宽越宽（大约 70 个字符），读得越快。你可以根据设备和内容的类型来调整自己的设计。

认真阅读一篇真正的文章

如果你在针对一堆没有意义的**虚拟文字**进行设计，那你并不是在做 UX。你可以只用一些**可以读的**文字来测试"可读性"。但更好的做法是，复制并粘贴一篇你真正想读的文章！

劝诱公式

不要强迫用户去做任何事，因为人们不喜欢被强迫。我们应该说服他们去采取行动，而这个"说服"的过程通常遵循一个简单的八步公式。

注意

劝诱是件很复杂的事情。我的另一本书 *The Composite Persuasion* 是专门讲如何增强说服力的，它有 270 页，而且还只是个"入门课程"哟！

劝诱公式

在对比了 40 种不同的劝诱者之后，我发现他们的劝说方法具有以下 8 个特征。

展开互动之前

信誉

没有信任，一切免谈。理想情况下，你应该实实在在地建立自己的信誉；但其实最主要的是，要在与别人沟通的过程中体现出自己的价值。以下这些适用于 UX 中的所有事物：值得信赖的品牌形象、透明的价格、其他客户的证明。不要空口说自己很有价值，要把这些价值摆在用户眼前。

了解你的受众

这意味着你要进行用户调查，这样才能知道你要劝诱的对象是谁，以及他们在意的东西是什么。

在互动期间

开放心态、卸下心防

你需要快速激起用户的兴趣，然后消除他们可能会产生的任何明显的抵触情绪。可以利用一个很棒的标题或者首屏上引人注目的一幅图片来达到目的。如果用户格外关心价格，那它就应该成为用户最先看到的一部分信息。不要幻想他们会停下来慢慢寻找价格。

建立和谐关系

和谐是一种与人交往的感觉，这种感觉是通过人与人之间的相似性产生的。在 UX 中，你可以通过使用彼此都熟悉的语言、给用户展示他们与你的客户之间的共同点、让读者与你文章中的主人公产生共鸣来建立这种和谐关系。

隔离

当用户深入使用你的网站或应用之后，他们的兴趣就很明了了，这时候就要移除各种竞争信息。比如说移除付款页面的菜单或广告，让用户能专心购物而不被其他东西分心。

说服

对于一些更为复杂的劝诱来说，可能需要提供"好几波"信息，让客户能一步一步从大致了解过渡到详细了解。很多方法都能做到这一点，比如认知偏差能帮助你组织信息，使其更易于被接受和理解。

完成交易

只需询问是否确认，不要做得太过复杂。在 UX 中，这可能就是个"发布""确认购买"或"分享"按钮。

交互之后

有倾向性地进行总结

不要在交易完成后就结束劝诱！否则会让人感觉你从他们那里得到了想要的东西之后就不再重视他们了。可以给他们发一封后续邮件，提醒他们用新购的 Macbook 做些什么，或者推荐更多的文章，或者给他们一些反馈，告诉他们有多少人喜欢／赞同过他们发布的帖子。

如何激励人们去分享

同一个点子可能会产生不同的效果，它可能很吸引人，也可能很无聊，这取决于你表达它的方式如何。重点是，你可以通过一些表达方式让人们感觉他们所做的贡献是很值得骄傲的，从而激励他们去贡献、评论和分享。

比如有人发了个帖子问："怎样才能找到交往对象？"你看一眼就没兴趣帮他了，除非你自认为是这方面的专家。很多公司的社交活动都是这一类型的：直接的问题、真实的事情，还有以自我为中心的内容。这根本无法吸引人们参与进来。

如果同样的问题换一种问法："你最快能多久泡到一个妞？怎么泡的？"这就让看到帖子的人一下有了挑战——要讲一个让自己看上去很厉害的故事，或者最起码能显得自己很有趣。虽然问问题的这个人得不到什么明显的利益，但这并不意味着那些答题的人也得不到好处。

比起什么也不答，给出一个古怪或滑稽的答案会更有意思，这就是我们唯一的目标——吸引人们前来参与！

这个问题上过 Reddit 的首页，并获得了 700 条评论。（有个人回答："17年。"这人显然是个专家。）

还有个常见的例子：当有人做了一件非常尴尬的事情，别人就会笑他。但诡异的是，这些人会一而再再而三地做这件尴尬的事情，从而引来更多的笑声和注意。（条件反射！）要想取得同样的效果，你还可以问："你被拒绝得最惨的一次是什么情况？"这种问题在 Reddit 上通常会由提问者先给出一个自身的例子作为回答。

既然这个问题的胜出者是最惨的那个人，所以你自己的尴尬事就会成为你获胜的筹码，于是每个人都想成为被拒绝得最惨的那个！这种提问方式比"这样被拒绝是否正常？"的效果要好得多。

不要直接向别人寻求帮助或搜集例子，要在搜集例子的时候让他们觉得自己的例子很了不起。或者你可以营造一种氛围，让他们觉得那些惨痛的经历是很令人羡慕的。

不要只是单纯地让人们去分享、点击或继续操作，而是要利用挑逗性的标题、扣人心弦的情节或者承诺给他们奖励或机会，用这些方式来激励他们去那么做。

如果你在社交媒体上运营一个品牌，那就要想出一个能让人们在你身上花费大量时间的理由，要始终为你的品牌营造一种良好的感觉。不要用"诱骗点击"这种无良招数。如果你的内容是一堆垃圾，那人们点击进来之后就会感到很失望，紧接着就会对你的网站或公司也感到很失望。这样可不好。

XII

关键时刻

每一次发布都是一场实验

UX 设计与其他设计的不同之处主要在于，我们可以使用科学的方法来评估我们的设计，看看它们是否奏效。

人们通常会认为产品的发布就是创造的终点，其实不然。

创造的过程不是准确无误的：那些战略性的决策其实只是基于经验的预测而已。设计关乎品味喜好，而且人们总会做出非理性的决定。想要**了解真正的设计过程**，唯一的方法就是借助科学手段。严谨的科学需要有问题、假设、实验、结果以及解释说明。

在我们这行，这被称为……

科学方法

问题

始终以一个问题作为开头。对于 UX 而言，这个问题可能是一个用户问题。你的工作是要将这个问题理解透彻并能确切地描述出来，然后为它设计一个解决方案。

许多人认为你应该先提出一些问题，然后通过 UX 调查来**回答**这些问题。但这种做法是**错误的**，这叫猜。正确的做法应该是通过 UX 调查来**寻找**问题。通过对用户和数据的研究，你会发现有些用户行为需要被矫正，有些用户行为甚至毫无道理。为什么他们会做那么古怪的事？用户的主要问题出在哪儿？用户是怎么看待这个功能的？为什么他们在支付过程的第二步就放弃了？为什么许多人从着陆页**跳出**了？

类似的问题数不胜数。

假设

你的设计就是你的假设—— 一个用于解决或回答问题的策略。它是基于你的研究和数据产生的，也是你针对研究中发现的问题提出的解决方案。你之所以认为你的假设行得通，是因为种种证据表明它行得通。

数字项目的问题在于，你总是忙于庆祝产品的发布，却忘记检查它们是否真的**行得通**。UX 并不关乎品味，而是关乎**结果**。你喜欢它并不代表它就是好的。

预测

在设计实验之前要先预测一下：如果你的假设是正确的，那么当你实施假设之后会发生什么变化。并且要想办法来衡量这一变化。

如果你认为人们没有注意到这个按钮是因为按钮的颜色问题，那么当你改变按钮颜色之后会发生什么变化？你要怎样来衡量这一方法是否奏效？

如果你认为人们参与度不高是因为页面上的独角兽和彩虹不够多，那么当你添加了很多独角兽和彩虹之后会发生什么变化？你要怎样来衡量这一方法是否奏效？

实验

改变你的态度：每一次发布都是一场**实验**而不是结果。在**真实**用户**证明**某件事情之前，你什么也无法**得知**。如果你认真地进行了调查并以此为基础进行了设计，那这就不是在瞎蒙，而是在**实验**。这两者有很大差别。

结果

网站发布之后你会得到一些结果，例如人们在网站上停留的时间、注册人数、消费人数等。这些都不是你的猜测，而是事实。一些小网站的数据可能需要等一两个月，但总会收集到的。

这些事实可能并不符合你的策略。它们可能会表明你的设计尽管很漂亮，但却令人困惑。还可能会告诉你那个巨大的商标其实很令人分心。

但这并不意味着失败或缺憾，而只是网站发布的一部分。有些事情在发布之前是无法得知的。这个网站说不定是人类历史上的一次伟大创造，但只有让其经过现实世界的检验之后，我们才能了解到这一点。

XIII

给设计师的数据

你能衡量一个灵魂吗

很多人认为我们无法衡量 UX 中的感受。但其实是可以的，尤其是衡量一群人的感受。

一个灵魂？！

好吧……这听起来可能有点宗教意味，但我指的其实是人类体验中情绪化的、主观的部分。

高昂的激情与低落的心碎。

你想怎么叫就怎么叫，因为它就是我们自己。

问题在于：我们能够衡量它吗？答案是：我们可以！

感受能够产生行为和决定，而行为和决定是能够衡量的。

神经营销学

我们平时是不会在办公室里放一台功能性磁共振成像设备的，但如果出现这种情况呢：有一门**新兴产业**，可以通过测量人的大脑来发现哪个广告或哪部电影能让人产生最强烈的情感。

这本质上就是 A/B 测试（在第 95 堂课中，你会学到 A/B 测试的相关知识），只不过它所用的数据比我们平时得到的更酷炫，而且 A/B 测试的证据是人的行为而不是大脑扫描结果。

群体是可靠的，个体则不尽然

我们在第 16 至 21 堂课中学到过，动机（感受）能让人们采取行动。

你可能会为一张照片**点赞**，会转发一篇文章，或者会在几百人面前出洋相——只因为有 50 个人说你应该尝试吞下一勺肉桂。

我们要创造的是行为而不仅仅是感受。要激励人们以某种方式来采取行动，从而让每个人都能获益（包括我们自己）。

衡量个体时，必须采用面对面问答的形式，否则很多细节都会影响结果的准确性。用户可能会因为各种原因而产生不同的行为，比如受到今天晨间新闻的影响，或者个人喜好的不同，又或者是因为上班时想在洗手间消磨时间。

然而，当你将几千甚至几万人作为一组来衡量，那他们的个体差异就不重要了。这一组灵魂会在数据中体现得清清楚楚。

当我们说"平均每人"的时候，指的并不是某一个人，而是一些数据。这些数据能衡量出你的设计所产生的影响。

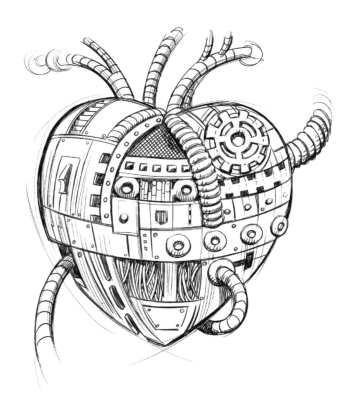

分析工具是什么

既然你已经学习了调查用户、设立目标、计划信息架构、引导用户注意力、绘制优质线框图以及创造易用的功能，那么现在是时候发布了！而这说明我们可以来测量一些东西了。

数据是客观的

我们之前学习过用户调查。

数据与之不同。

数据测量的是用户行为——他们做了什么、做了多少次、花费了多长时间，等等。

数据是通过电脑收集的，因此不会影响到用户。数据的测量方法很明确，因此不容易出错。你可以不费吹灰之力就测量好几百万人。另外，数据还能告诉你一些信息，比如用户使用什么浏览器或者身在哪个国家。

数据从不撒谎，它们讲的是科学！

数据没有来龙去脉。但作为设计师，我们必须要向别人解释这些数据的含义，所以这里会很容易出错。

数据是从人身上产生的

你可能只把这些数据当作一堆"数字"，然后赋予它们你想要的含义。但是请记住：这些数据代表的是那些具有复杂经历的人所做出的行为。

不要将这几百万人视为一个简单的数字，也不要指望这个数字在任何情况下都靠得住。

不要试图去找一个能"证明"你是对的的数字。如果有人要求你这么做，请对他说"不"。

数据越多越好

如果你只测量了五个人的点击量，那你无法保证他们是否是在喝醉的情况下进行的操作。但如果你测量了五百万人的点击量，那他们都喝醉的可能性就微乎其微了，除非你只测试了春假期间的坎昆人。

依靠数据所做的决定越重大，所需的数据就越多。数据一旦开口说话，那必定是一言九鼎！

收集客观用户数据的几种方式

进行主观用户调查的方式有很多，同理，收集客观数据的方式也很多。

分析工具

Google 以及许多其他公司都会提供廉价或免费的分析工具来供你匿名追踪用户行为。每次用户加载页面或者点击什么东西，你基本上都会知道。而且你可以设计自定义的测量指标，这样想测什么都可以！

A/B 测试

同时设计两个版本并且同时发布！在真实用户身上进行实时测试，这样能让你知道哪个版本更好。软件还能告诉你什么时候可以停止测试，因为到达某个特定的点之后，再追踪更多的人也不太能改变测试结果了。

眼球追踪

一些特殊的软件和设备能够测量出用户使用你的设计时都看了哪些地方，这样你就能知道你在什么地方成功引导了他们的视线，在什么地方做得并不好。眼球运动是无意识的，因此我将其视为客观数据。

屏幕捕获和热点图

像 HotJar、ClickTale 以及 Lookback 这种软件能够记录用户使用产品时的屏幕状态。用户的输入内容是不可见的（所有东西都是匿名的），但你能看到他们点击了哪里、如何移动鼠标、如何滚动屏幕以及他们浏览了几个页面。有些工具还能创建"热点图"——用色彩标示出用户（作为一个整体）点击的具体位置。超级实用。

搜索日志

很多人没有意识到网站上的检索字段能够保存每一个输入过的关键词。如果人们要检索某样东西，这说明他们在网站里没有找到这样的东西，因此检索日志对优化信息架构以及页面布局非常有参考价值！

图表形状

你不需要掌握高深的统计知识也能发现图表的有趣之处。人类行为会在图表中呈现出几种基本形状，这些形状都是有含义的。

人类行为会创造出两种图表风格：**流量**和**结构化行为**。

注意

以下几个例子都使用了条形图，因为这样更易于理解。你的分析工具可能会用折线图或散点图等，不要慌，因为这些图的本质都是一样的。这就是为什么我们学习的是图表的形状，而非图表的类型。

流量图

这类图表体现了一段时间内做某件事的人数，比如每日的访客数量。你可以将其称为"流量"。

流量总会上下起伏，即使你的网站没有发生任何变化，每天也有各种随机事件会对流量产生影响。

所以**永远不要**以为流量的略微起伏是因为一个新功能或者是对设计所做的调整。

接下来要讲形状了！

一般趋势

如果存在缓慢但持续的变化，那你会渐渐看出来。

如果图表比较平滑，而且形成了一种连贯的"上升"/"下降"趋势，那么这种趋势很可能会持续下去，除非你刻意改变它。

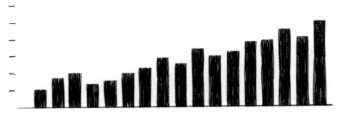

一般趋势

如果存在缓慢但持续的变化，那你会渐渐看出来。

随机的 / 出人意料的 / 一次性的事件

如果没有什么特殊缘由，人们不会突然改变行为。

你是否在周末搞了活动？某个页面是否出现了技术问题？你们的初创公司是否刚刚上市？当你在图表中看到陡升或陡降时，要尽力找出原因。这就好像你非常相信自己会无缘无故就突然变酷了，但其实一定是有原因的。每个突变的背后都必然有一个原因，可能是好，也可能是坏。

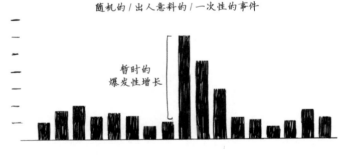

随机的 / 出人意料的 / 一次性的事件

暂时的爆发性增长

如果没有什么特殊缘由，人们不会突然改变行为。

可预测的流量

一个成熟的网站（或无聊的网站），其访问量会开始呈现出一种清晰的模式。

看到这种不断重复的、像波浪一样的模式了吗？

受"办公室白领"所青睐的网站在工作日的流量会比较多。如果你的用户是平日要上学的小孩子，那周末可能就是你的大日子。这种现象很常见也很正常。

但是……

如果这个模式是健康的，那它会呈现出一种缓慢的上升趋势。如果你看到一个超级可预测的模式，但它的数据是缓慢下滑的，那就说明你的用户可能已经开始厌倦了。作出些改变！

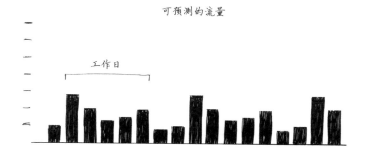

可预测的流量

工作日

一个成熟的网站（或无聊的网站），其访问量会开始呈现出一种清晰的模式。

结构化行为图

这类图表展示了人们正在做什么。他们做这件事的具体时间并不重要。通过对 IA 的优化，你能对这一类型的行为产生巨大影响。

> **注意**
>
> "结构化行为"只是我想出来的一种叫法。如果你在工作中谈到它可能会显得你很聪明，但没人知道它是什么意思，所以你还要再解释一下。

指数曲线 / 长尾

这说明人们非常偏爱某种类型的行为或决定。

这个图的形状就像一个滑梯。点击第一项的人数要多于点击第二项的，点击第二项的人数要多于点击第三项的，以此类推。每一次都会在视觉上呈现出一定的"秩序"或自然序列（就像用户从左向右阅读的一份菜单），就像下面这幅图一样。

网站"首页"及其下层页面的访问量也是这种形状，因为你无法跳过第一页直接进入第二页。如果仔细观察每次访问时间和每次访问页数（参见第 91 堂课中关于时间的知识），你会发现它们也是这种形状，因为要让人们在一个网站里停留 10 秒以上真的很难。

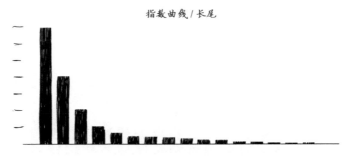

指数曲线 / 长尾

这说明人们非常偏爱某种类型的行为或决定。

存在意外变化的指数曲线

当用户无视你为他们提供的结构时，看上去就会是这样。

这张图就更有意思了。如果绝大部分数据都是正常的，只有几个地方顺序不对，这就意味着用户使用的优先级跟你设想的不一样。有时他们会跳过第一项直接点击第二项。太疯狂了！

根据得到的数据来修改你的设计 /IA。但不要试图改变用户，他们讨厌那样。

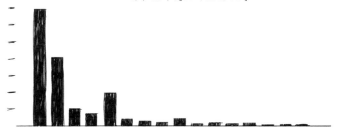

当用户无视你为他们提供的结构时，看上去就会是这样。

存在超级用户的指数曲线

这张图说明，有一小群人在网站上做了一大堆事。

这个图与第一个"滑梯形"的图非常相似，但它的尾部有个小隆起。有些人说这张图怀孕了，他们太傻了。当你有一小群非常忠诚、非常活跃或者在网站上花费了大量时间的用户时，那些数据看上去就会是这样的。他们做的比一般用户要多得多，因此才会有个小隆起。

找到这些人的动机，然后让他们的数量越来越多！

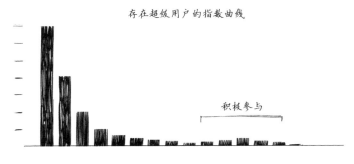

这张图说明，有一小群人在网站上做了一大堆事。

存在转化问题的指数曲线

当出现大幅下降的条形时，往往说明用户有了使用障碍。

你想让这个"滑梯"看上去平滑又顺畅。但如果出现了大幅下降或者坑坑洼洼的地方，那就说明有问题了。如果你的网站首页使人困惑，那你可能就会得到这样一张图，因为很少有人会进入第二个页面。如果问题不明显，那么 A/B 测试可以有效地帮你发现问题。

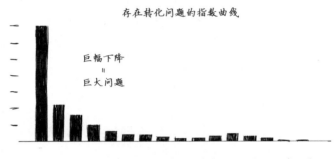

当出现大幅下降的条形时，往往说明用户有了使用障碍。

统计——会话数与用户数

一位用户可以多次访问你的网站。访客数（不同的用户的数量）与访问数（会话数）之间的差异体现了用户的忠诚度和参与度。

比如说我来访问你的网站。我在网站里待了几分钟，感觉不错，你我都很开心。然后我们互相（虚拟的）击了个掌，我就离开了。

然后，第二天我又去访问了这个网站。第三天又去了一次。

我访问了三次（就是 3 个会话），但是我只能代表一个人。尽管我是个大帅哥，但也只能代表一个人。

如果我是你唯一的访客（这就太惨了），那么在 Google Analytics 上，你会看到"3 个会话"和"1 位用户"；也可能会在其它分析工具中看到"3 位访客"和"1 位独立访客"。

这并不是说我相比其他访客来说有多么独立。一位**独立访客**指的是一个单独的、可以多次访问你的网站的某一位用户。

一切都是相对的

尽量不要因为现下的数据而感到激动或沮丧。你可能会禁不住想："3 个会话到底好不好？"但这种看待数据的方式是错误的。

你的网站可能一天最多能有 3000 个会话，但有的网站一天 300 万个会话都算少的。这些都是相对的。

你应该这样想：3 个会话，这一数据是不是比上个月要好？如果要达到某个会话数，需要多少个用户？**那个数据**是不是比上个月要好？它是不是你这种网站应有的会话数？

把这些数字结合起来看会更有意义。

你应该花些时间观察并思考一下会话数与用户数之间的关系。它会向你透露用户的忠诚度，以及你将多少**初次访问者**转换成了**重复访问者**。

分析结果并不是你的设计成绩，它只是一个故事。你要做的就是去读懂这个故事。

一位用户其实就是一台设备。

什么？！

据我所知，分析工具无法识别出你的手机和笔记本电脑都是由同一个人操控的。

因此，如果我用笔记本电脑访问了你的网站三次，然后用手机访问了两次，那么你在 Google Analytics 里将会看到"5 个会话"和"2 位用户"，尽管这"2 位"都是我本人。

你对这个结果无能为力，只要知道就好。这样统计的弊端在于：你无法得知有多少个不同的用户访问了你的网站。好处在于：可以深入研究一下用户从不同设备上再度访问你的网站的频率有多高。

统计——初访者与回访者

网站的初次访问者有很多，其中有一部分会再次进行访问。将这些访客进行分组，你就会逐渐了解网站的健康程度以及用户的回访原因。

网站的"健康程度"是我经常跟客户和老板提及的一个比喻。它是许多数据的综合体现，能够表明整体的发展方向是"好"还是"坏"。

回访者和初访者占据故事中的很大一部分。他们掌握着网站的命脉。

初访者

当用户初次访问时，他们完全不了解你的网站。他们可能是点击了某个广告、某篇博客里的链接或者搜索了某些相关（或不相关）内容，然后偶然间发现了你的网站。

总之，他们都是新人。

回访者

如果初访者又来访问了第二次（第三次，或者成百上千次），那他们就成了"回访"者。这一点很重要，因为他们已经知道了你的网站是干什么的，而且很有可能是认同它的。

> **注意**
>
> 他们仍有可能是点击了某个广告、某篇博客里的链接或者搜索了某些东西才再度找到了你，但也有可能是有意识地再度访问你的网站。

把这些数字结合起来看会更有意义。

将两个数据进行对比，这样能得到真实的信息。现在，我们想了解的是初访者和回访者各占总访客数的比例——初访者和回访者的人数加起来就是总访客数，有意思吧！

设法平衡用户增量和用户忠诚度。

网站初期，新用户占比**极高**是好事，这说明你的网站被很多人发现了。回访者的比例在 10% 至 20% 之间是正常的，当然，这只是个大概标准。

过一段时间（几个月或几年），就要让这一比例颠倒过来，但是不能减少"会话数"和"用户数"。

对于已经站稳脚跟的网站而言，它的大多数用户都是回访者，只有 20% 至 30% 的访客是初访者。

如果你的回访者非常少，这就很成问题，因为没什么人会再度访问你的网站。

如果你的初访者非常少，这也成问题，因为没什么人会发现你的网站。

统计——页面浏览量

你的网站／应用是否是一个高效的工具？或者说，你的网站是否需要很高的参与度？页面浏览量会告诉你很多故事。

一次"页面浏览量"，顾名思义，是指一个用户在网站里浏览了某一个页面。

页面浏览量是一种**被动**测量，因为用户不需要**做**任何事情，只要点进这个页面就可以。

也许用户只是点击或输入了某个东西然后跳转到了这个页面，但是分析工具就会将其统计为一次浏览记录。即使用户在页面还在加载的时候就走出家门，接着在一片森林里迷了路，然后又与森林里的一头小熊坠入爱河并且从此在森林里过着幸福快乐的日子，再也没有回过家，分析工具还是会将其统计为一次浏览记录。

"浏览"可能不太确切，我们可以将其视为"加载"。

页面浏览量很大并不一定是好还是坏，也有可能好坏都有。

对于 Google 来说，页面浏览量很大就是件坏事，因为 Google 想让用户能够尽快搜索到正确结果并跳转至对应页面。他们可不想让你一页一页地浏览搜索结果页面。

因此，对于 Google 搜索服务而言，页面浏览量**越多**越好。

然而，Facebook 却恨不得把屏幕绑到你的眼睛上，这样你就会**一直**浏览它的页面。所以对 Facebook 这类网站而言，页面浏览量**越多**越好。

如果你要通过在页面上打广告来赚钱，那么越多的页面浏览量就能帮你赚到越多的钱。

然而，这会造成用户被迫浏览过多不必要的页面，（你见过把 10 张照片分别显示在 10 个不同的页面上吗？）从而带来很糟糕的体验。

当商业目标和 UX 目标相悖时，必须提高警惕。如果可以的话，尽量将问题彻底解决。

如果无法解决，那么请记住：你让用户做的事情越多，他们看到的内容就会越少。

如果你做 UX 就是为了展示更多的广告，那你是在让这个世界变得更糟糕，而非更美好。

统计——时间

时间和页面浏览量有些相似之处，但不同于页面浏览量，时间指标能够表明用户在哪里停留的最久——或者说感到最困惑。

每次访问时间（或平均每次会话时间）是指用户**平均**每次在你的网站／应用上所花费的时间。

每页访问时间是指用户**平均**在每个页面或屏幕上所花费的时间。

在运用这些平均数时要记住，不同用户在一个网站或者页面上花费的时间可能会有很大差异。通过**求平均数**，你能大致了解网站的整体表现，并且比较不同页面之间的差异。

例如：如果你的网站平均每次访问时间为 3 秒钟，这意味着要么用户极快地找到了自己想要的，要么他们什么也没干就离开了。

如果你是 Google，那你可能会尽快让人们找到他们想要的。

但如果你是 Wikipedia，那每次 3 秒钟的访问时长就太糟了，因为没人能在 3 秒内读完一篇文章。

如果你将两个页面进行对比，一个页面的平均每次访问时间为 45 秒，另一个是 3 分钟，那这两个页面的表现是有很大差异的。

不要想当然地认为时间长就是好事

当用户感到**困惑**时，他们也会在页面上停留很久，因为他们想把事情搞清楚。

时间长可能意味着用户参与度高，也可能意味着你的菜单很让人困惑，或者注册表单太难填了。

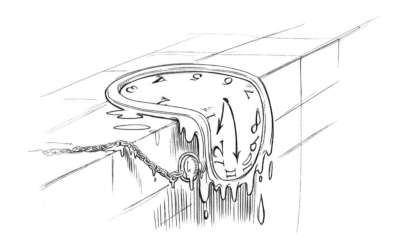

将时间与其他统计数据进行对比，了解更多信息

时长与页面数能够反映许多用户行为。时间长、页面多不一定就是"好"，时间短、页面少也不一定就是"坏"——这都取决于你的设计想要达到什么目的。

如果你的网站上有很多文字，比如《纽约时报》，那你可能会想让用户花费的时间长但浏览的页面少，因为这说明他们在阅读！如果浏览的页面多但花费的时间少，这可能意味着他们只是在浏览、搜索或者迷路了。

如果你的网站上都是些图片，比如 Pinterest，那你可能会希望每页访问时间短一些，但访问的页面多一些，因为那些图片很快就能看完，而这就意味着用户一直在浏览！但是你仍然希望每次访问时间长一些，因为这意味着他们正在进行探索！

如果你是 Google，那么你可能想让每次访问时间、每页访问时间和页面浏览量都少一些，因为这说明人们很快就找到了满意的结果。

如果你是 Facebook，那么你希望每次访问时间（用户参与）和页面浏览量（广告）都很高，但每页访问时间则无关紧要。

统计——跳出率和退出率

有必要去了解一些未在你的网站上停留的用户，以及哪一部分设计会让人们想要离开。

跳出率指的是来到网站但却没点进去的用户的比率。他们没有真正**使用**你的网站就直接"跳走了"。

没有点击，什么也没有。一干二净。

用户跳出不是件好事，所以低跳出率（10% 至 30%）很好，高跳出率（79% 至 90%）很糟。介于两者之间的跳出率都属于正常情况，不好不坏，没什么特别之处。

跳出率**永远**不会为零，总会有人跳出。如果跳出率为零（或者低于5%），那就要请开发人员检查代码，查找技术错误。这时候你测到的跳出率很可能是不正确的。

你的目标是尽可能地降低跳出率。

如果你的网站跳出率很高，那很可能是因为以下几个原因：你的设计让人难以信任，标题太差或太出乎意料，信息架构使人困惑，或者设计中没有明确指出用户可以点击哪里。

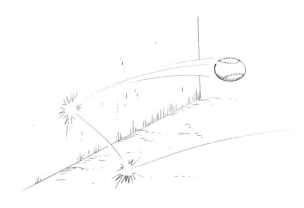

退出率

每位用户最终都会离开你的网站，这叫作**退出**。

一个页面的退出率意味着有多少比率的访客在看完**那个**页面之后就离开了网站。

如果你的网站里只有 3 个页面，那么平均每个页面会有 33% 的用户退出。如果有 10 个页面，那么平均每个页面会有 10% 的用户退出。

去往某个页面的用户越多，那个页面的退出率可能就越高。

关注一下退出率很"突出"的页面。如果一个页面的退出率比其他页面高很多或低很多，那这个页面可能是条死胡同，或者页面上的表单很难填，也有可能这是件好事！

我曾经为一个旅行网站重做了设计，这个网站提供的旅行套餐都是独一无二的，你在其他地方根本找不到。尽管页面的设计是一模一样的，但其中一个套餐的退出率大大**低于**其他套餐。当我仔细观察之后，发现这个套餐的写作风格别具一格，读起来精彩又刺激！然后我们修改了其他套餐，使它们的写作风格与这个套餐一致，结果用户的每次访问时间增加了 3 分钟、每次访问页数增加了 2 页！

交互的概率

不确定性是 UX 的一部分，它并不是一个行或不行的问题。你的目标也不是要努力让某件事情行得通，而是要将它做得更好。

衡量用户行为时，最好可以从统计数据中了解一下这个用户群体的大致情况。这些数字能够让你更加了解你的设计，但你需要用一个正确的视角来看待它们。UX 就是要增加用户做某件事情的机会、几率或**概率**。

用户心里有一个轮盘，上面会有很多选项，而 UX 就是减少这些选项的一个过程。我们不能保证每位用户每次都会赢，但从总体上来看，赢的用户占大多数。

1% 的人不会采取任何行动

许多年前，在我们对用户生成内容进行了多次讨论之后，一个同事以我的名字命名了一条规则。

马什定律："每个功能最终都会被最大程度地滥用。"

你也可以这么理解：如果某样东西可以被使用，那它就一定会被**某些人**使用。

而这不见得就是**好事**。

某个页面上有 25 个广告，没人会去注意它们，但却总有人点击了它们。

某个网站的菜单有 8 个层级，但最底层页面总会有一到两次访问量。

而且 Facebook 的"点赞"按钮竟然在黄色网站上获得了点击（我只是听说的），这太让我惊讶了。

不要因为某些用户使用了一个功能，所以就要保留这个功能。

当用户在点击那些垃圾功能时，一些更有用的功能就被错过了。

90% 就代表所有人了

如果你的设计很高效，大部分人都做了你预想的事情，那就太棒了！

如果 90% 的用户都意识到他们可以通过付费或者注册来升级，那你的设计还不错。

如果 90% 的用户没有点击任何东西就离开了你的网站，那么事态就很紧急了。

如果 100% 的用户都做了某件事，那要么就是出了技术性错误，要么就是只有一位用户。

概率不是凭直觉得出的

如果有 10% 的人点击了你的着陆页，其中又有 80% 的人购买了东西，是否就说明这个设计很成功？

并不是。

很多人看到这样的转化率会说："哇哦，80% 的用户都购买了东西！"

然后整个团队会去喝酒或者用其他方式来庆祝。

但作为 UX 设计师，你不应该去参加那个庆祝派对。因为你正在失去 90% 的潜在销售量。

你不是在付款页面失去的他们，而是在着陆页就已经失去了。

如果有 40% 的人点击了你的着陆页，而其中又有 40% 的人购买了东西，那你获得的销售量就是之前的**两倍**，即使转化率只有之前的**一半**。

10% 的 80% 是 8%。

40% 的 40% 是 16%。

我工作过的每个公司几乎都有类似的问题，但很少会有人注意到。但它可能会导致上百万的损失。

结构与选择

在 UX 设计中，主要有两个方面的内容会让你困惑不已：信息架构和用户心理。两者看起来可能还挺像。

我们已经学习了很多展示信息的方式，你可以通过这些方式来让更多的人去选择某些特定的选项。

但是，如果很多人选择了你不想让他们选择的选项呢？

这种例子数不胜数。但是本堂课的目标并不是给你列举这些场景，而是让你知道，有时导航或布局可能会成为你错误把握用户心理的替罪羊。

顺序与吸引力

我们已经学习过怎样使内容更具偏向性，从而使某些选项看起来比其他选项更吸引人。

如果用户没有选择那些选项，那可能说明你的展示方有误。或者说，你把展示顺序搞错了，在水平列表中位于左侧的选项以及垂直列表中位于顶部的选项会获得更多的点击，因为用户一眼就能看到它们。

锚点只有在作为第一选项时才会起作用。如果第一选项是其他东西，那也可能会得到点击，但这仅仅是因为人们最先看到它。

有人曾将策略建立在这种假设上：第一选项是用户最喜欢的选项。但其实它只是用户最先看到的选项而已。

对内容的关注与对表面的关注

我们已经学习了如何抓住用户的注意力以及如何减少竞争性的信息。

那么如果每个人都喜欢你的网站，但是没人仔细阅读里面的内容该怎么办？

在用户滚动页面时，经常会看到一些令人惊艳的视觉效果和动画。但问题是：有时这种滚动效果太精彩，以至于用户都不想停下来阅读了。

那样只能得到对**表面**的关注，而我们想要的是对**内容**的关注。

应该将动画和炫酷的特效当作一种点缀，而不是设计的全部。记住：动效会夺走一切注意力。也就是说，人们会只关注所有会动的东西而忽略那些静止的内容。

你**读**过会动的文字吗？可能没有，因为你只顾着**观看**动态效果了，反而没空阅读它们。

要利用**动画效果**和**视差效果**将人们的注意力吸引到他们应该注意的东西上。不要纯粹为了实现设计师的奇思妙想而把页面做得很炫。

层次与动机

我们之前学过，用户心理就是利用用户动机去激励他们采取重要的行动，比如注册、购买、订阅、升级等。

如果转化页面的流量不多，那可能是因为人们不想注册，或者是因为他们无法进入转化页面。

如果用户点击链接进入下层页面，但这个页面上没有"注册"按钮，那即使他们之前确实想注册，现在也不会再回去找注册按钮了。

他们不会专门去找"注册"按钮的。

很少有用户会提出这个问题，因为这不是个视觉问题，而是业务问题。

A/B 测试

用户调查和用户心理都是预测用户行为方式和行为内容的绝佳方式。但是，我们不只是想预测而已，我们想要确切地知道。

让我先来描述一个画面……

想象一下：你要设计一个卖鞋子的页面，你希望卖掉的鞋子越多越好。那么你觉得什么东西能吸引更多的人来买你的鞋子呢？

关于这些鞋子的视频？

这些鞋子的所有细节信息？

鞋子的品牌商标？

退款承诺？

你会怎么选？

如果你一开始想的是："问问用户！"这个想法并没有错。但很多时候（当所有选项都是这种主观选项的时候），询问的结果只能说明不同的人有不同的喜好。

那么，在这些主观选项之间，你应该怎样进行抉择呢？

把这些全都设计出来！然后，把所有选项同时发布出去，就像 A/B 测试一样。

什么是 A/B 测试

A/B 测试是一种向成千上万的真实访客询问哪一个选项更好的方法。

这个测试要确保每位独立访客只能看到其中一个选项。当完成测试的人数足够多的时候，你就能看出哪个版本的设计能够创造更多的点击量。

A/B 测试也能用来测量"置信水平"（confidence level），这能让你知道什么时候可以完成测试。（不要过早结束测试！）

你可以同时测试 2 个版本或者 20 个版本。只要记住：每个版本都只有一部分用户能看到，因此要测试的版本越多，你需要的用户或者时间就越多。

一些窍门

(1) A/B 测试通常是免费的，只是要花些时间来设计和创建测试页面。测试的结果是极有价值的，因此即使花费一点代价也是值得的。

(2) 这与发布一个新页面然后将其与旧页面进行对比是两回事。对比两个设计的**唯一方法**就是在**同一时间**运行它们，并且让使用这两个设计的人数相同（或大致相同）。

(3) 当你**只更改一处细节**的时候，A/B 测试是最可靠的。如果两个页面的其他部分都一模一样，只不过一个是红色的链接，一个是蓝色的链接，那用 A/B 测试正好。但如果它们的菜单也不一样，那你就无法得知究竟是链接颜色还是菜单造成了测试结果的不同。如果你想测试多处更改，就需要使用**多变量测试**。（下一堂课！）

(4) 如果要测试两个完全不同的页面，比如首页和购买页，这时候就不适合用 A/B 测试了，完全派不上用场。

多变量测试

A/B 测试非常适用于测试设计中的某个具体更改。但如果想测试某个设计元素是如何影响另一个元素的，那就需要使用多变量测试。

多变量测试能够测试多处更改的综合效果。

当你对页面或网站中的某一处进行了更改，很可能会影响到用户对其他地方的看法。多变量测试能够测试设计元素之间的**关系**。

比如你有三个版本的标题。

标题一："这件事情太棒了！"

标题二："这件事情太糟了！"

标题三："这件事情一般般。"

而且你有三个版本的照片能与这些标题进行搭配。

照片一：一只小狗。

照片二：一个汉堡包。

照片三：你的妈妈。

这听起来还不赖。应该来个 A/B 测试，对吗？

不。

问题出在这里。

可以将任何一个标题与任何一张照片进行搭配。但是基于不同的组合，用户可能会有不同的反应。

也许有些人想看那件很棒的事，但前提是照片里的东西是他们喜欢的。

也许有些人想看那件很糟的事，但前提是照片里的东西是他们讨厌的。

也有可能你妈妈的照片适用于每个标题！谁知道呢？！

很主观，也很复杂。

你要如何得知应该用哪一种组合？！

多变量测试会告诉你的。

多变量测试比你思考得更深入。

这里展示了**九种**照片和标题的组合方式。

标题一分别与照片一、二、三搭配。

标题二分别与照片一、二、三搭配。

标题三分别与照片一、二、三搭配。

要在你的脑袋里对比这些组合，信息量实在是太大了。你永远无法理性地猜出哪一个标题与照片的组合是最受欢迎的。

因此，不要用脑子去想！

让软件随机选取标题和照片的组合，最终它会告诉你点击率最高的组合是标题二和照片三，或者是标题一和照片一，或者是其他组合。

多变量测试比 A/B 测试所需的用户更多，因为它需要测试的组合形式也更多。但是有些用 A/B 测试难以解决的问题，多变量测试却能够给你答案。

不妨试一下！

有时 A/B 测试是唯一能让你知道确切结果的方式

本书讲了很多关于利用用户心理来使某些东西看上去更好的方法。但是，如果要在两种心理策略中进行选择，应该怎么办？

你最终会面临心理对心理、动机对动机或情感对情感的设计选择。

也许你要在这两种策略中二选一：营造用户对企业的信任还是对产品的信任。

也许你要在这两种策略中二选一：宣传品牌的尊贵地位还是流行程度。

也许你要在这两个词汇中二选一：应该用"享用"还是"保存"——它们都代表了某种利益！是这样吗？

在这些情况下，你基本不可能基于理论来做决策。而且面对面询问用户的方法也靠不住，除非你准备问一万名用户。

有时 A/B 测试是唯一能让你知道确切结果的方式。

设计并发布一次实验。让每个版本都完全相同，除了那个心理细节以外。

对比结果，然后采用那个胜出的版本。

利用科学。相信科学。成为科学。

XIV

无业游民，找份工作吧

UX 设计师整天都在做些什么

成为 UX 设计师的第一天，你可能会觉得很兴奋或者很紧张，这要看你是什么性格了。不过不要担心，这些情绪都是你能预想到的。

通常我会到的比较晚，我的私人秘书会泡一杯我喜欢的香草味拿铁咖啡。等候室里坐满了想让我传授知识的人。

但当我走进办公室时，我喜欢暂时忽略这些人，这样他们就能意识到我的重要性。我把脚搭在办公桌上，啜一口拿铁，然后（如果我想的话）花五分钟时间召见每个属下，这样他们就有机会膜拜我的线框图，亲吻我的戒指，然后毕恭毕敬地退出我的办公室，不时地向我鞠一躬并一遍又一遍地说着"对不起"。

跟你预想的差不多，对吗？

白日做梦。

现状核实

作为专业的 UX 设计师，你的时间大部分都会花在收集信息和向别人解释
你的设计上，而且这些人还不一定赞成你的设计。

UX 在任何团队中都是非常有价值的一部分。你肩负着许多责任，你的
薪资可能也在一定程度上反映了你的价值。UX 设计师还是一个不被大
多数同事所理解的角色，因此你可能会惊奇地发现，他们总是要你配
合，但却根本不听你的意见。

不同的 UX 工作有不同的工作内容

根据你的客户类型、项目类型、公司类型以及你的公司是穷是富，你的
日程表都要作出相应的调整。既然你问起来了，那么根据我多年在初创
企业、机构和内部团队的工作经验，我进行了一些毫不科学的分析，以
下就是我分析到你可能要花费大量时间去做的事情。

内部会议（大多不必要）	30%
文档设计	10%
画草图 / 线框图	10%
用 Facebook/ 在内部聊天（或者用 Skype、Slack 等）	7%
讨论需求与反馈	6%
"茶歇"	6%
看同事们发的搞笑视频	5%
分析数据 / 调查	5%
与开发人员讨论设计	3%
向老板 / 客户宣讲构想	3%

审核网站分析结果	3%
对本该说"不"的事情说"好"	2%
望向窗外，思考	2%
阅读 UX 的相关博客	2%
在《绿野仙踪》里神游	1%
进行面对面的用户调查	1%
被一位非设计师压制	1%
文艺地表达自己的观点	0.99%
激烈地表达自己的观点	0.9%
让人们认同真正的事实才是事实	0.5%
向同事吹嘘你的工资	0.5%
解释为什么"抽奖得 iPad"是个蠢主意	0.1%
得奖	0.01%

哪种 UX 工作适合你

所有与 UX 领域相关的设计师，其工作内容都大同小异，但是不同的工作侧重不同的领域。哪种才是最适合你的呢？

如果你想引发一场激烈的战争，那就跑到一间全是 UX 设计师的屋子，然后问一句："UX 的定义是什么？"我向你保证，世界大战开始了。

UX 这个词就像"个性"一样。每个人都明白它是什么意思，但要给出一个具体的定义，大家就开始众说纷纭了。

考虑到这一点，我也理解新手们需要知道自己该找什么工作、都有哪些工作以及哪种工作能让你做得开心。接下来是对 UX 这一工种的简要介绍，希望看完之后没人给我寄死亡威胁信。

UI 与 UX

首先要明确一点，UI 和 UX 是两种不同的工作。如果有的公司有"UI/UX"这一职称，那说明这家公司根本不了解什么是 UX，或者他们想花一份钱就让人做两份工。要当心。

UI（用户界面）指的是你所看到的东西。UX（用户体验）指的是你为什么要去看它。

如果你很热衷于制作漂亮的应用，或者很乐意为品牌推广或广告宣传效力，又或者很喜欢设计商标、图标或配色，那么 UI 工作正适合你。

如果你对本书中的内容更感兴趣，那么 UX 则更适合你。（不过我们永远欢迎你两样都学！）

多面手与专家

你也许听 UX 设计师或招聘人员谈到过"综合"UX（每样都知道一点）

或"专业"UX（专注于本堂课提到的某一特定领域）。

在我看来，**所有的新手都应该是多面手**。尝试一切，学习一切，承担别人交给你的所有责任。

五年之后，你对 UX 的大多数领域都比较擅长了，**然后**就可以决定自己是否要在某个领域做到**出类拔萃**。

IA

IA（信息架构）主要与内容和页面的结构打交道。在应用或基础网站开发这种小项目中，IA 并不是一项大工程，所以不会单独找人负责这一部分。但是在一些很大的项目中，比如跨国公司内网、Wikipedia、社交网络或大型政府档案保管这类项目，IA 就非常重要了。

如果你感觉这些是你喜欢做的事情，那么 IA 就很适合你。

IxD

IxD（交互设计）指的就是交互本身，与样式的关联不大。因此，你可能不会接触到太多有关 IA 的工作，反而会深入设计页面中的动画、过渡和布局细节。

IxD 与前端代码或 UI 设计的关联更强，因为你很难脱离前端和界面而单独去考虑交互。如果你觉得这些事情挺适合你，那你可以选择 IxD。

UX

UX 是一个比较笼统的词，或者说它像是一把大伞，把所有这些领域都盖在"里面"了。如果你不想专攻某一领域，而是更想做一名着眼于大局的设计师，那就继续做 UX 吧。我干这行已经有些年头了，我依然认为 UX 确实是一个职位。

UX 设计师要频繁地与其他部门打交道，其频繁程度比其他专业领域的设计师（比如 IA 或 IxD）都要多，而且他们要进行很多业务上的思考。

因此，如果你对**产品**的思考多过对界面的思考，那 UX 可能更符合你的兴趣。

UX 策划

很难用短短几句话来解释什么是 UX 策划，但是你可以把它想象成营销与 UX 的结合体。这种职位在大一些的技术型公司或数字机构中比较常见。那些产品和功能是为了配合营销计划，而不是为了解决实际问题。

举例来说，如果你为一家酿酒公司制作一款应用，那你的"策略性"就要大于"实用性"，因为没有什么数字功能能够提升酒的品质。这份工作也很酷，而且也是 UX，但工作内容却不尽相同。

如果你想成为一名"成长黑客"，或者想要将 UX 融入到营销活动当中，又或者你想成为一名技术性不那么强的（但更偏向于广告宣传方向的）UX 设计师，那你可以试试做 UX 策划。

UX 调查

（相比 UX 策划）UX 的另一端可能就是 UX 调查了。从事这一工作的人要比综合型设计师需要做的面对面访谈更多，花在数据上的时间也更多。

如果你**热爱**分析并且想花更多时间为用户解决实际问题（可能还希望自己的工作能够更科学一些），那么 UX 调查很适合你。

机构、内部团队，还是初创企业

你所效力的公司类型也会影响你的工作性质。我郑重向你建议，如果可以的话，尽量尝试一下所有类型的公司，因为它们会教给你不同的东西。

机构

在广告机构或 UX 机构这类咨询公司里，会有很多各式各样并且时间紧迫的项目。这意味着你能学得更快，工作也更富有激情。同时，你的项目经验也会更加多元化。

然而，这种机构的项目通常只能持续 3 至 6 个月，而且大多不会有"第2 版本"。因此，你无法与产品共同成长或者为自己做**长期**打算。

内部团队

当你隶属于公司**内部**的团队时，可能会致力于设计同一个或同一系列产品。你将会对你所设计的这种类型的产品以及它的用户有一个更深刻的理解，可能还会不断优化出新的版本，因为内部团队喜欢"尝试"很多东西。而且通过 A/B 测试，你能学到很多关于独立的功能和策略的知识。

然而，内部团队会长期致力于同一种类型的设计，所以你的经验会比较单一，对其他领域的了解也不会太深入。

初创企业

在初创企业中，你将会得到激动人心的机会，并且可能因此而影响到公司上下的每一个部分。由于公司里没有太多设计师，所以你肩负的责任也更大。有时候，揠苗助长的方法可能会取得更好的效果。

然而，初创企业的老板可能没有 UX 方面的经验，所以一切都得靠自己。如果你做对了就会荣耀无比，但是一个不小心可能就会毁掉整个产品。而且你很有可能没有经费，所以你买不起任何非"免费"的东西。尽管这一点确实比较困难，但如果你有创造力的话，照样能想出绝佳的点子。

UX 简历中应该写些什么

UX 是相对较新的一个行业，并且对于非设计师来说是比较难理解的。当你在应聘这样一份工作的时候，你需要得到一些相关的信息和启发。

记住：你的受众并不了解 UX。

一般来说，给你面试 UX 岗位的"老板"对 UX 的了解并不多。或者说，你至少应该有这样的心理准备。

在简历开头，你就要说明你感兴趣的工作内容或职责，也可以阐明一下**你认为自己能为对方带来的价值**。

如果你未来的老板是个 UX 行家，那么他们将会很欣赏你清晰的思路，以及你用这种简单的方式向他们解释这些事情。

一般人看到这些内容之后就知道该问你一些什么问题，以及为什么你的简历里没有那些"漂漂亮亮的东西"。

讲述简短的视觉故事

UX 设计师的简历中并没有太多花哨的屏幕截图。如果你能把界面设计得很惊艳，那很好；如果不能，那你就要好好讲讲自己都做过什么。

要让故事简洁明了。如果老板想知道更多细节，他们会在面试时问你的。而你在简历上只需解释清楚你都做过什么、为什么这样做、你的调查方式以及你在工作中面临的局限性就可以了。

虽说 UX 并不涉及风格样式，但你也**应该**展示一些视觉上的东西：草图、线框图、网站分析的截屏、网站地图、初期设计和最终设计，等等。

展示出你的工作流程！告诉他们你究竟是做什么的！

聚焦于问题、见解和结果

如果你的简历聚焦于图片，那可能会让老板觉得你只是个做图的。所以不要这样做。

每个项目都可以被归纳为以下几点：通过调查发现了一个问题；这个问题得到了解决并且有证据作为支撑；关于用户的数据以及你对用户的独到见解；那个解决方案的最终结果——希望都是好结果。

如果你能证明你可以通过理解用户而让事情运作得更好，那么任何单位都会觉得你很有价值，无论你的经验如何。

没有经验？那就积累一些！

与其他工作不同，即使你没有真正的工作经验或者没有接触过任何客户，也是可以写出一份基础的 UX 简历的。

进行案例研究：找一个著名的产品或网站（可能是你想要为之效力的产品或网站），让一些人去使用它，并且观察这些人的反应。然后设计出一个概念来解决你所发现的一些问题，或者设计 A/B 测试来进行调查研究。解释你所有的推论、展示你的工作内容并且为最终解决方案绘制线框图。

解决实际问题：设计一个应用来解决一个实际问题。不需要做得像初创公司那样完备，只要能表明你能够独立生成解决方案即可。对于你的潜在老板而言这就很诱人了。

对你自己的网站进行 A/B 测试：你在网上有博客或个人网站吗？应该要有的。你可以通过 Google Analytics 中一个名为"内容实验"的产品来免费进行 A/B 测试。所以，来做些测试吧，看看会发生什么，然后将测试结果写进你的简历里。

做你自己

要敢于为简历增添一点个性！当面试官已经读了 100 份求职申请时，一份看起来既聪明又独特的简历会让他们觉得很有意思。

有个博客？把链接加到简历里！

爱好摄影？把一些作品亮出来！

你的阅历或背景给了你独特的视角？说说看！

没人会指望新手有多少经验。你要让他们看到你很聪明、有解决问题的能力并且热爱工作，其他的只是一些细节。

我们已经来到了本书的末尾。100 堂课了！干得漂亮！

UX 是九成靠想，一成靠做。如果你阅读并理解了每一堂课，而且能够将其运用到实际产品当中，那你已经做得很好了。

尽管我总喜欢挖苦别人，但我对 UX 是充满激情的，我希望能够通过这本书将这份激情传递给你。

我的 Twitter 永远欢迎你：@HipperElement。

我还有一个关于 UX 的博客，上面分享了我找到的一些好东西：www.TheHipperElement.com。

感谢阅读本书，祝你好运！

技术改变世界 · 阅读塑造人生

简约至上：交互式设计四策略

◆ 国际知名交互式设计专家力作

◆ 赢得大多数主流用户的内功心法

第 2 版将在 2018 年下半年推出

作者： Giles Colborne
译者： 李松峰 秦绪文

无界面交互：潜移默化的 UX 设计方略

◆ 国际前沿用户体验设计师Golden Krishna心血之作

◆ 摆脱"屏幕控"，回归优雅的用户体验，让UX设计真正融入
日常生活

作者： Golden Krishna
译者： 杨名

设计师要懂沟通术

◆ 本书是设计师沟通指南，重点介绍了与他人谈论设计时可采
用的原则、策略和可操作的方法，并提供了即学即用的话术
模板，实用性极强。

作者： Tom Greever
译者： UXRen 翻译组